JN107529

現場のプロがわかりやすく教える

GIS Engineer Training Course

位置情報エンジニア養成講座

GISの基礎からオリジナル地図作成・PWAアプリ制作まで

井口奏大 著

まえがき

位置情報の世界では、最大で地球全体となる大規模なデータを相手にする必要があるため、データの描画・配信・処理それぞれでボトルネックが発生しがちです。それゆえ、描画側（クライアントサイド）・配信側（サーバーサイド）の両面で多くの工夫・発明が日々なされており、そのことが、初学者にとって理解が難しい多くの独特な概念、たとえば、座標系、ファイル形式、多様な配信方法などをもたらしています。さらに、位置情報技術は日進月歩であり、ある時点での最善の技術が数年で最善ではなくなることがあります。これはウェブ技術でもよくある話ですが、位置情報の世界では、古くから利用されている仕様・規格も現役で生き続けていることも多いため、最新技術だけでなくそこに至るまでの技術的なコンテキストも理解しておくべきです。

ところが、これらが体系的に整理された資料・書籍がなく、インターネット上では、さまざまなユースケースについて、さまざまな時点で書かれたウェブページが散在している状況です。これでは、初学者にはどれが正しいプラクティスかの判断が難しく、学習に時間もかかるでしょう。

本書は、このギャップを埋めることを目標としており、本書を読めば最短距離で「位置情報アプリケーションを開発できる」「要件に応じたベストプラクティスを学べる」「最新のトレンドを把握できる」ように構成しています。

最短距離である都合上、実務上で必要となる知識に特化して解説しています。位置情報の世界は本書の範囲よりも遥かに広大で、興味深いものです。本書を読み終えて**位置情報エンジニア**となった暁には、ぜひ広く深く位置情報技術の世界へ踏み込んでいただければ、筆者の望むところです。

2023年2月
井口　奏大

本書の構成

第1章　位置情報の世界

位置情報技術への導入として、位置情報とは・位置情報アプリケーションとは何かを学びます。

第2章　位置情報の基本

位置情報アプリケーションを開発する上で知っておく必要のある・知っておいたほうがよい諸概念を学びます。

第3章　位置情報データの取得・加工

位置情報データの取得方法や加工方法を学びます。

第4章　位置情報アプリケーション開発：入門編

位置情報アプリケーションの開発方法を学びます。段階的に厳しくなっていく要件をテーマとして、状況に応じたベストプラクティスを学びます。

第5章　位置情報アプリケーション開発：実践編

前章までで学んだ知識・技術を用いて、サンプルアプリケーションを開発します。

本書が想定している読者は、**これから位置情報を扱うエンジニア**です。後半の開発編ではウェブアプリケーションについて解説しますが、HTML/CSS/JavaScriptの文法については特に解説なくコードを掲載します。可能な限り、OSや実行環境を問わないで読み進められるように配慮していますが、環境差異による動作の違いなどは考慮していません。なお、本書に登場するサンプルコードは、すべてGitHub上で公開しています[*1]。

謝辞

本書の刊行にあたっては、本書籍企画を紹介いただいた合同会社Georepublic Japanの松澤太郎（@smellman）氏、コンテンツのレビューやフィードバックにご協力いただいた、株式会社MIERUNEの古川泰人（@Yfuruchin）氏、久本空海（@sorami）氏、高見英和（@Guarneri009）氏に、心からの感謝を表します（@以下はGitHubアカウント）。

＊1　https://github.com/Kanahiro/location-tech-sample-v1

目　次

第3章 位置情報データの取得・加工

第4章 位置情報アプリケーション開発：入門編

第1章

位置情報の世界

位置情報アプリケーション開発を学ぶ前に、位置情報の世界を簡単にのぞいてみましょう。

1-1 位置情報とは

●図1-1　位置情報のイメージ

近年、GPSを内蔵するスマートフォンや高機能な地図アプリケーションの普及により、**位置情報**は誰にとっても身近なものになりました。位置情報を題材としたゲームが流行し、リアルタイムに位置を把握できるタクシーの配車アプリやフードデリバリーサービスが当たり前のように利用されるようになっています。また、災害発生時の被災状況が位置情報付きの航空写真として迅速に公開されるなど*1、社会的にも位置情報は重要なものとして位置付けられています。

＊1　国土地理院「平成30年（2018年）北海道胆振東部地震に関する情報」https://www.gsi.go.jp/BOUSAI/H30-hokkaidoiburi-east-earthquake-index.html

NearMe
https://nearme.jp/
相乗りサービス「スマートシャトル」を提供している。さまざまな形の送迎サービスを提供しているが、最適経路計算に位置情報を活用している。＊2

テクテクライフ
https://www.tekutekulife.com/
街を移動して道に囲まれたエリア「街区」を塗りつぶしていく「位置ゲー」。スポットにチェックインして参加するスタンプラリーなどもある。

●図1-2　スマートフォンの位置情報を活用したアプリケーションの例

ところで「位置情報」とは何でしょうか？　これは場合によって異なり、GPSで測位した現在の「地点」だったり、通学路などの「ルート」だったり、あるいは市区町村などの「領域」だったりします。こういった位置（＝座標）に対し、関連する情報－たとえば名称や住所などのメタデータ、あるいは画像などを関連付けたものを**地理空間情報**と呼びます。

地理空間情報＝位置情報＋関連する情報

ただし、地理空間情報という呼び名はあまり直感的ではないため、**本書では位置を持つあらゆるデータ**のことを**位置情報**と呼ぶことにします。位置情報はあくまでもデータであり、私たちはアプリケーションを通して位置情報を利用しています。

＊2　https://speakerdeck.com/nearme_tech/xiang-cheng-risabisutodi-tu

1-2 位置情報アプリケーション

位置情報を扱うアプリケーションを、総称して**GIS（Geospatial Information System：地理情報システム）**と呼びます。GISは、実装・構築方針の違いから、ウェブ上で動作するもの（＝クライアント・サーバー型）と、それ以外（＝スタンドアロン型）で動作するものに大別できます。本書ではウェブ上で動作するGISに焦点を当て、これを**位置情報アプリケーション**と呼ぶことにします。

1-2-1 位置情報アプリケーションの例

位置情報アプリケーションの具体例をいくつか紹介します。

地理院地図

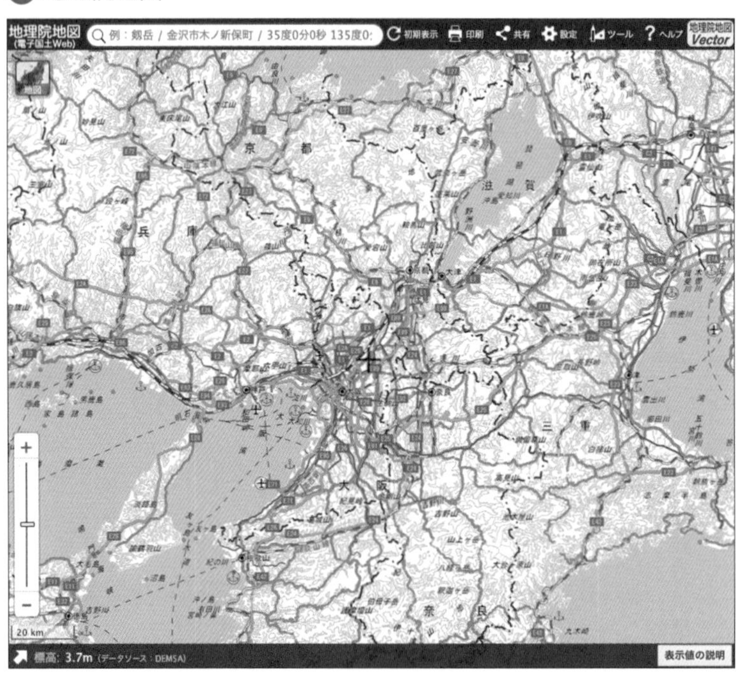

●図1-3　地理院地図（https://maps.gsi.go.jp/）

地理院地図は、国土交通省国土地理院が開発・運営しているウェブアプリケーションです。さまざまなデータを重ね合わせて表示したり、地形データから断面図を生成したりなど、多くの機能があります。

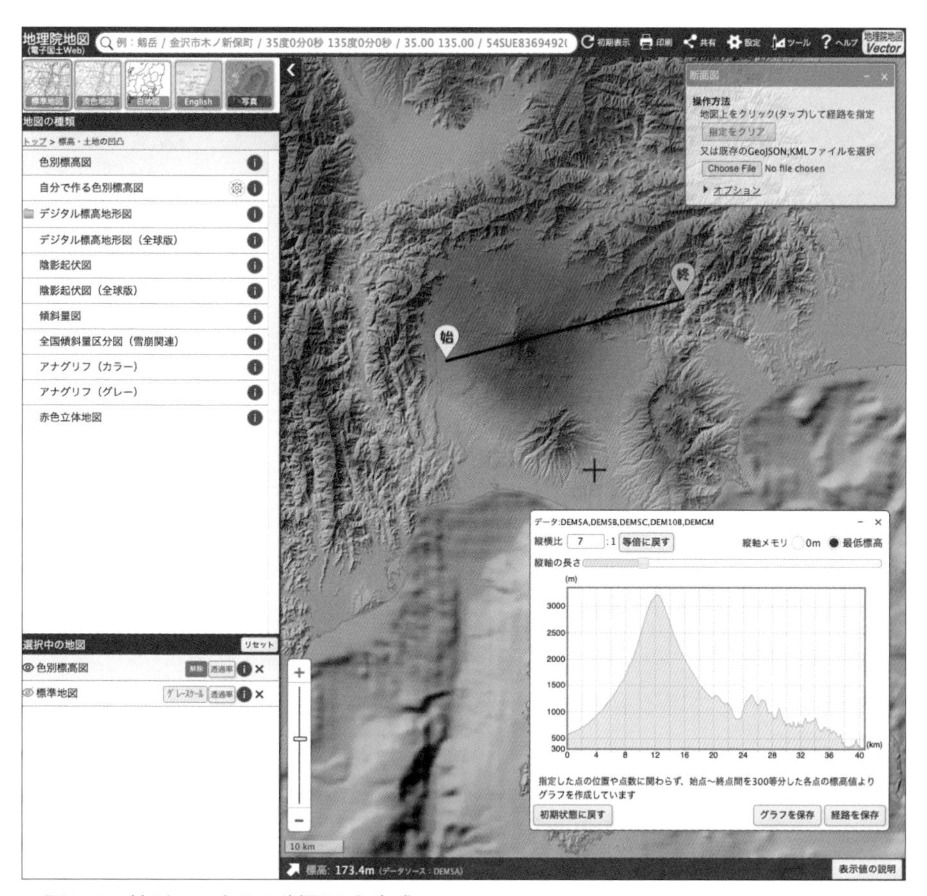

●図1-4　地形データから断面図を生成

また、3D地形表現機能を加えた「地理院地図 Globe」というバージョンもあります。

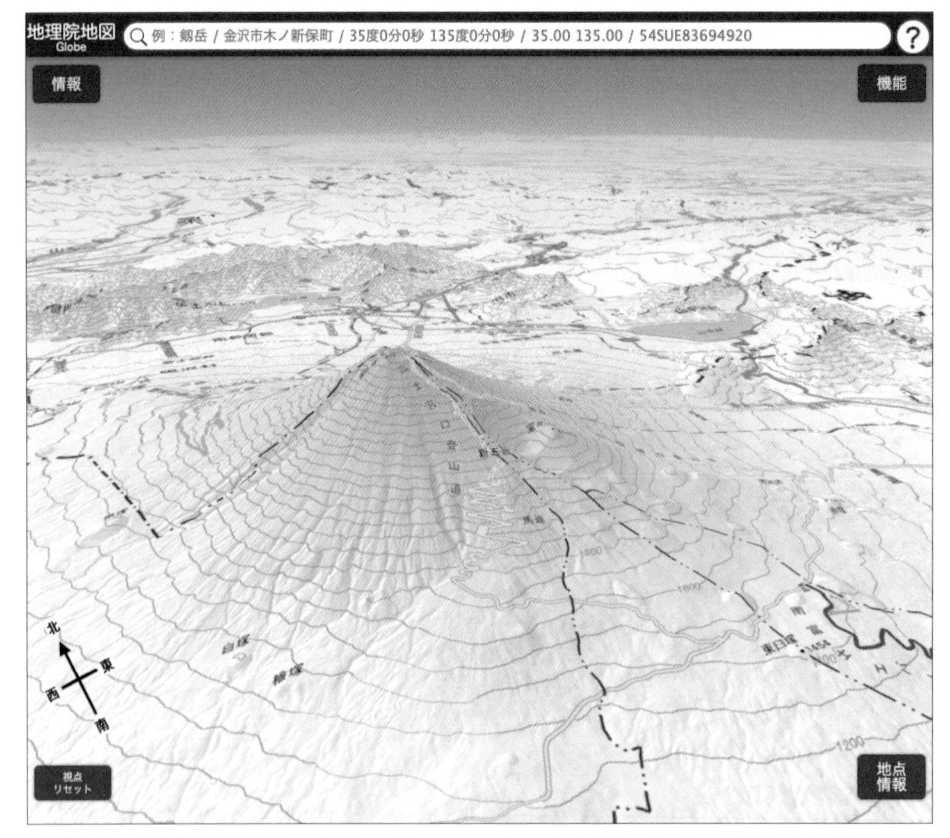

●図1-5　地理院地図Globe（https://maps.gsi.go.jp/globe/index_globe.html）

地理院地図はオープンソースで開発されている*3ため、ソースコードを読んだり、フォークして独自にカスタマイズすることも可能です。

*3　https://github.com/gsi-cyberjapan/gsimaps

気象庁ナウキャスト

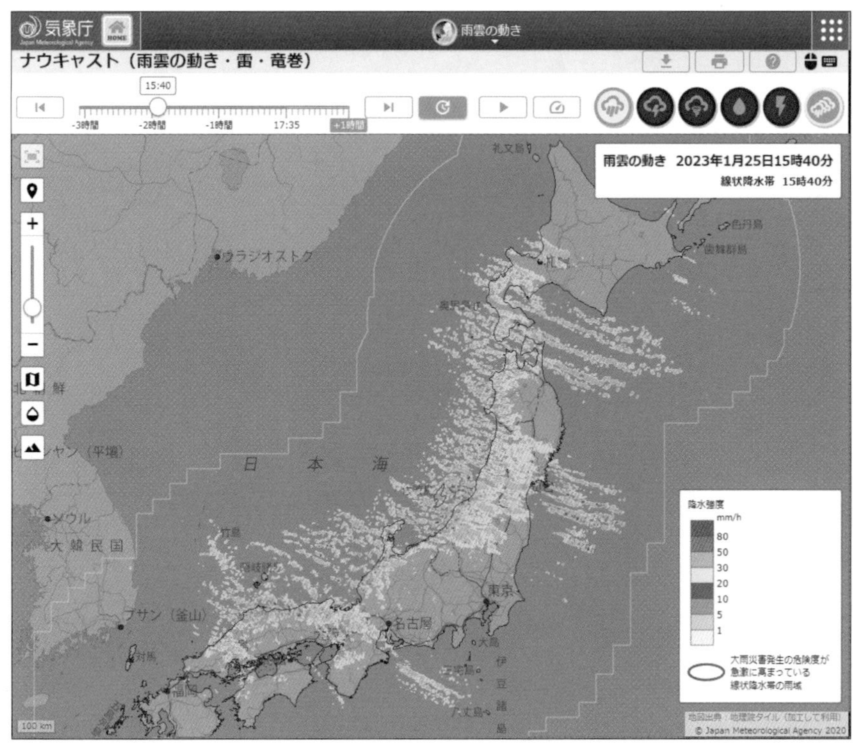

●図1-6　気象庁ナウキャスト（https://www.jma.go.jp/bosai/nowc/）

気象庁が運営する、各種気象情報を時系列で表示できるウェブアプリケーションです。多くの気象情報は位置情報も持っているため、このアプリに限らず、位置情報アプリケーションでも多く使われます。

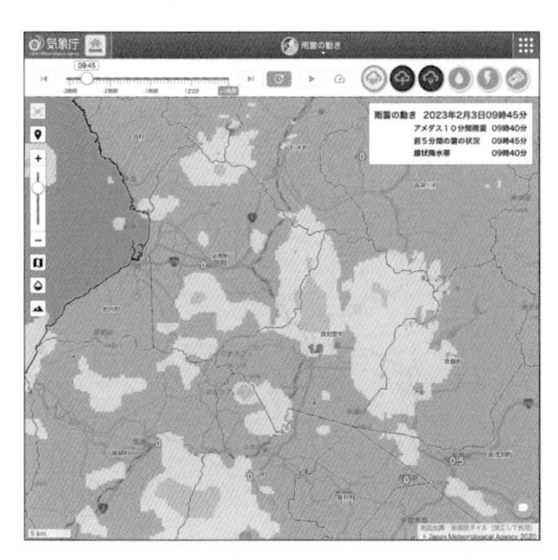

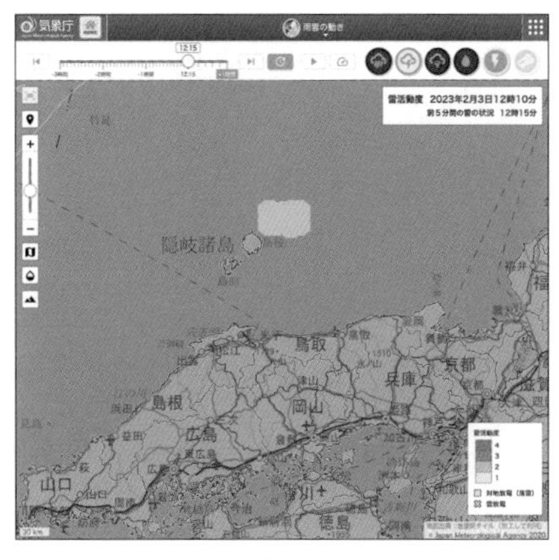

●図1-7　アメダスの雨量表示（左）、雨量のほか、雷活動度（右）などを表示可能

Googleマップ

●図1-8　Googleマップ（https://www.google.co.jp/maps/）

ほとんどの人が知っているでしょう。最も成功した位置情報アプリケーションといえます。リリース当時は、まだ普及していなかったAjaxを活用したことで、ウェブ分野にも大きなインパクトを与えました。

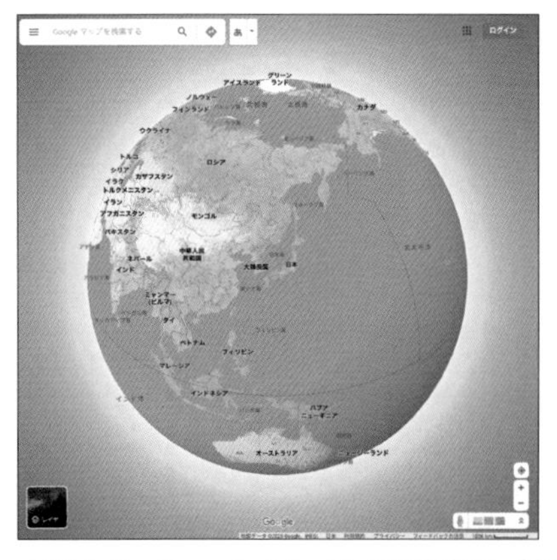

●図1-9　Googleマップの球体表示（左）と経路検索（右）

1-3 位置情報アプリケーションの特徴

位置情報アプリケーションが取り扱う領域は、最大は地球全体で、最小は町内くらいでしょうか。たとえば、ウェブ地図上に建物を表示することを考えてみましょう。町内レベルなら、規模にもよりますが、建物の数はせいぜい数百軒程度でしょう。これくらいの数であれば、取り回すことはそれほど難しくなさそうです。

では、地球上すべての建物だったらどうなるでしょうか。日々更新される世界地図データベース**OpenStreetMap**（後述）のデータをインデックスしているtagInfo＊4によれば、全世界で計4億軒以上の建物データが存在しているようです（2022年10月現在、building=yesのタグ）。4億件というのは、建物1つ当たりのデータサイズが、少なめに見積もって10バイトだったとしても、合計で4GBになるという規模です。町内の場合と同じ考え方が通用しないことは明らかです。

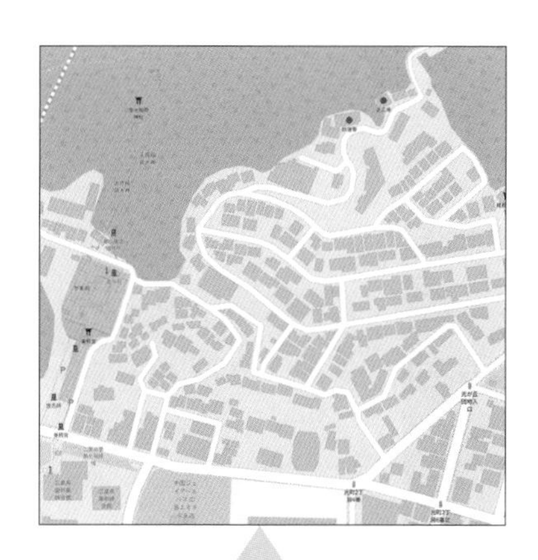

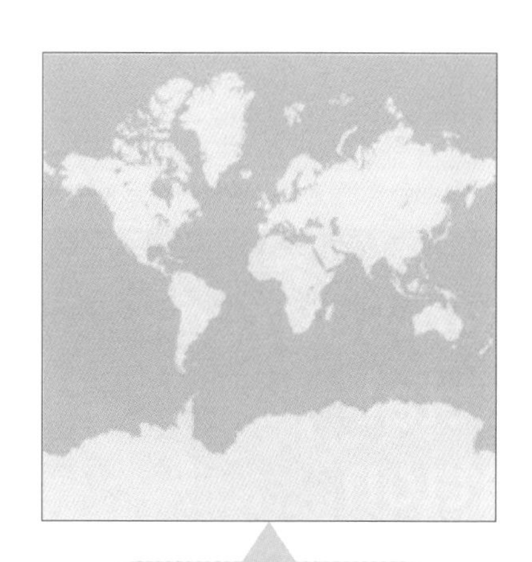

町内程度の範囲なら、建物データの数はせいぜい数百程度

世界全体の範囲であればデータの数は数億に膨れ上がる

●図1-10　地球規模・町内レベルの地図の対比（出典：OpenStreetMap）

＊4　https://taginfo.openstreetmap.org/

位置情報アプリケーションの特徴は、**扱うデータのサイズが大きい・数が多い**ことです。サイズが大きいことは、ウェブをはじめとした、データのダウンロードが必要となるクライアント・サーバー型のアプリケーションにとって重要な問題です。また、数が多いことは、サーバー上での処理コストに加えて、クライアント側での描画のパフォーマンスにも影響を及ぼします。

このような制約を持つ位置情報を効率よく取り扱うため、位置情報技術の世界ではデータの配信方法や描画方法で多くの工夫がなされてきています。それらの技術の多くは、オープンソースソフトウェア（以降OSS）として開発されており、このような位置情報にまつわるOSSを総称してFOSS4Gと呼びます。

1-3-1 FOSS4G（フォスフォージー）

「FOSS4G」は、**Free Open Source Software for Geospatial**の頭文字をとったもので、全世界のエンジニア・企業・団体によって、多数のソフトウェアが活発に開発・メンテナンスされています。OSS文化はエンジニアには馴染みが深いものですが、その中でもFOSS4Gは、世界各地にコミュニティがあったり毎年多くのカンファレンスが開催されていたりと、裾野が広く活発に活動しています。位置情報アプリケーション開発では、FOSS4Gをうまく活用することが品質向上・コスト削減につながります。

●図1-11　FOSS4GコミュニティはOSGeo財団（https://www.osgeo.org/）によって運営されている

1-4 自由に使える位置情報データ

位置情報データには、一定のライセンスのもと自由に使えるデータが多数存在しています。

1-4-1 OpenStreetMap

●図1-12　OpenStreetMap（https://www.openstreetmap.org/）

自由に使えるデータの最たる例は、**OpenStreetMap**（以降OSM）です。OSMは、オープンデータ地図の作製を目的とした世界的な活動で、「マッパー」と呼ばれる地図編集者がデータを登録・更新し、そのデータはライセンスを守れば誰でも自由に使えるというウェブサービスです。ユーザー登録すれば誰もがマッパーになり、地図編集に加わることができます。地図版のWikipediaのようなものといえるでしょう。

2023年現在、OSMは多くの企業・サービスで利用されており、Facebook（Meta社）＊5や、「Ingress」「ポケモンGO」（Niantic）＊6での利用事例が有名です。本書でも多くの項目で、背景地図としてOSMを利用しています。

●図1-13　OpenStreetMap編集画面

1-4-2 その他

国内では、官公庁を中心に多くの位置情報データが公開されており、それらのデータは無料でダウンロードでき、加工することも自由にできます。たとえば「国土数値情報」＊7では、自治体の領域や、人口分布、または道の駅の位置情報など、多くのデータが公開されています（データによりライセンスが異なるので、使用の際は確認が必要です）。

また、自由に使える背景地図データとして、国土地理院が配信している**地理院タイル**＊8があります（「タイル」とは何かなどは、次章以降で説明します）。いわゆる地図や地形図、航空写真などが利用可能です。

＊5　OpenStreetMap Wikiの「Meta社」の項目：https://wiki.openstreetmap.org/wiki/Meta_(company)
＊6　ポケモンGOマッパーのためのOSM入門：https://qiita.com/nyampire/items/716bd4bf66a092044c85
＊7　https://nlftp.mlit.go.jp/ksj/
＊8　https://maps.gsi.go.jp/development/ichiran.html

COLUMN　OSSとOSMのエコシステム

OSSやOSMはライセンスを守れば誰でもその恩恵に与れますが、世界中の人々によるボランタリーな貢献や寄付などの上に成り立っていることを忘れてはいけません。一方的にメリットを享受するフリーライダーだけでは、「エコシステム」は維持できません。

もちろん明確な義務はないのでライセンスに違反していなければ誰に怒られるものではありませんが、たとえば、よく使うOSSでバグを報告・修正する、OSMで近所の地図を更新する……など、多くの人々によるちょっとした貢献がエコシステムを維持していくと筆者は考えています。筆者自身、ソースコードへのコミットのほか、技術系イベントなどでの発表を通じてFOSS4Gの普及に努めています。

ぜひOSS・OSMの活動に参加してみましょう。

● PyConJP 2022でのQGISに関する発表の様子（https://docs.google.com/presentation/d/1170n3dQLIJlGiZBqlHM6nfZz3Bx_EKYIOCwjmn6tc8Y/edit?usp=sharing）

第2章

位置情報の基本

本章では、位置情報アプリケーションを開発するために必要となる基礎知識を学びます。

2-1 位置を表す方法：経緯度

地球上の位置の表現方法というと、おそらく地理の授業で習った「経緯度」を思い出す人も多いでしょう。実は、経緯度以外にも数多くの表現方法があるのですが、位置情報アプリケーション開発では、経緯度が理解できていれば、ほとんどの場合は問題ありません。

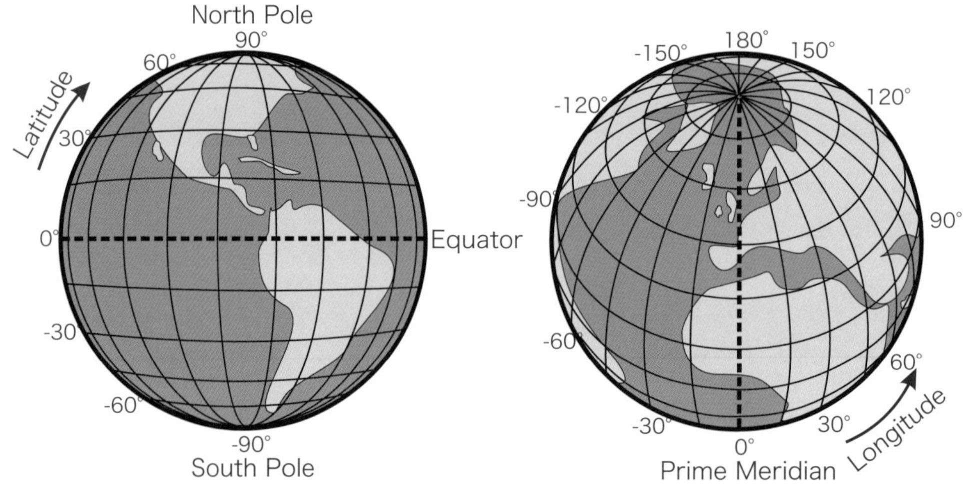

●図2-1　経緯度の説明用の図（出典：Wikipedia「地理座標系」）*1

経緯度では、球体である地球上の位置を**経度**（**longitude**）と**緯度**（**latitude**）という2つの「角度」のペアで表現します。経度はロンドンなどを南北に通過する「本初子午線」を0度として地球を東西方向に一周するように-180度から180度の範囲を、緯度は「赤道」を0度として南極点の-90度から北極点の90度までの範囲を、それぞれとります。たとえば、富士山火口の位置は「経度=138.7305294、緯度=35.3629613」付近と表現できます。

経度0度を境に西経・東経（緯度なら北緯・南緯）と呼ぶことがありますが、開発上はこういった表記は用いません。たとえば、アメリカのニューヨークにある自由の女神像の付近は「西経74.0445525度、北緯40.6892581度」と表記できますが、開発上は「経度=-74.0445525、緯度=40.6892581」という数値として扱うことになります。

＊1　https://ja.wikipedia.org/wiki/地理座標系

COLUMN 経緯度の十進法表記と度分秒表記

世間に存在する経緯度データのほとんどは十進法表記ですが、資料によっては**度分秒**で表記することもあるため、注意が必要です。度分秒では、経緯度の小数部分を60進法で表記します。

たとえば、大阪城の位置を十進法・度分秒でそれぞれ表記すると次のようになります。

十進法表記：経度=135.52584032、緯度=34.68733402
度分秒表記：経度=135度31分33.0251秒、緯度=34度41分14.4024秒

後で紹介する位置情報向けのファイル形式では、経緯度は常に十進法として扱われるため、そういったファイル形式に含まれる座標はあまり心配する必要はありません。しかし、たとえばCSVなどの表形式に格納されていたり、紙で管理されているような位置情報であれば、度分秒表記である可能性を考慮する必要があります。

このことを考慮せずに「度分秒の座標値を誤って十進法として処理してしまった」というケースが稀にあります。この場合、わかりやすいエラーは出ずに、おかしな位置に表示されることがほとんどです。地図を見れば、位置がおかしいことにはおそらく気づけますが、こういった背景を知らないと原因にたどり着きにくいかもしれません。

たとえば、度分秒座標を十進法と扱ってしまった場合は、右図のようになってしまいます。

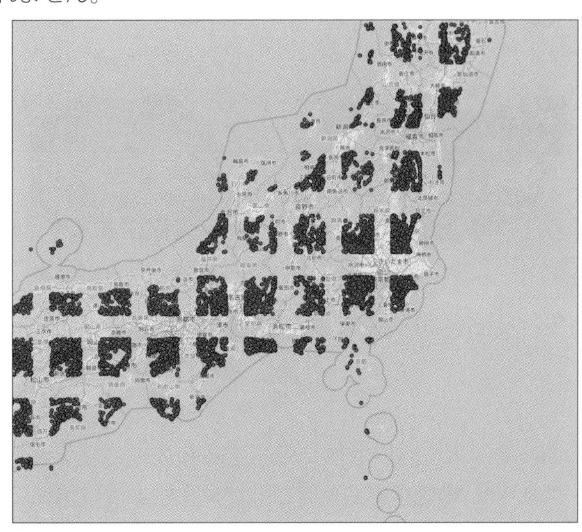

●度分秒を間違って十進法で扱ってしまったときの見た目
（出典：OpenStreetMap Contributors.「国土数値情報 - 学校データ」を加工したもの）

2-2 丸い地球をどう地図にするか：地図投影法

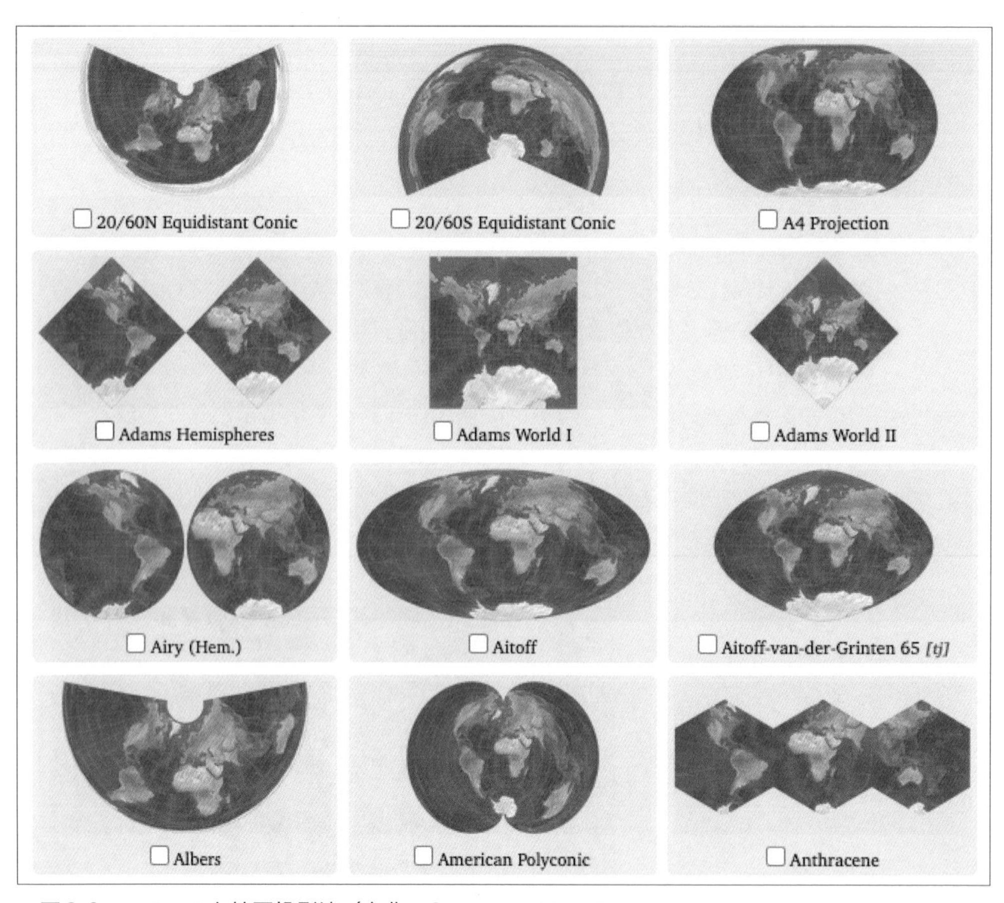

●図2-2　いろいろな地図投影法（出典：Compare Map Projections ©Tobias Jung CC BY-SA 4.0）＊2

平面の地図上に丸い地球を描画するために、歴史上、さまざまな方法が発明されています。これらは、**地図投影法**と呼ばれています。位置情報アプリケーションは地図を扱うため、地図投影法について知っておくと、各種概念の理解が深まり、データを加工する際にも役立

＊2　https://map-projections.net/imglist.php

ちます。世界には数多くの地図投影法が存在していますが、本書では、開発上で特に重要な**ウェブメルカトル**と、データとして利用機会の多い**平面直角座標系**を解説します。

2-2-1 ウェブメルカトル

ウェブメルカトルは、Googleが考案した地図投影法です。Google マップやOSM、地理院地図をはじめとした多くの位置情報アプリケーションの土台となっています。

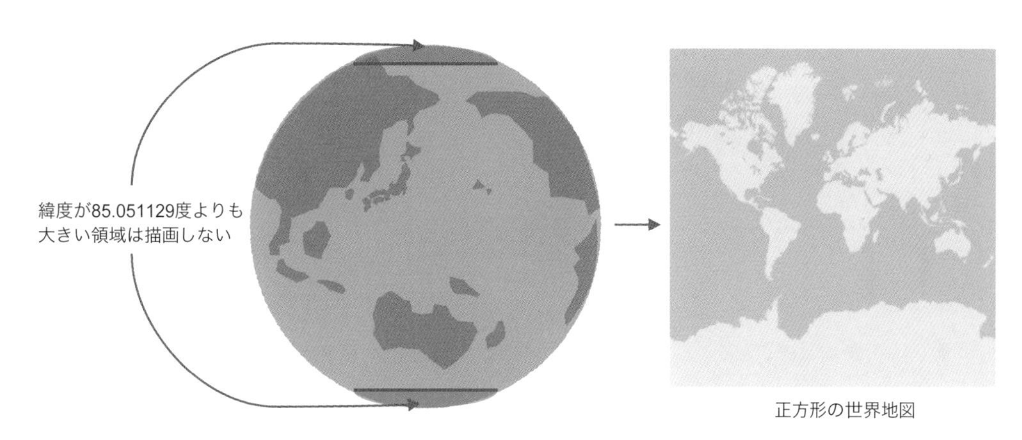

●図2-3　ウェブメルカトルのイメージ図

ウェブメルカトルでは、北緯および南緯85.051129度以上の領域の描画を諦め、「地球全体を正方形の地図として表現」しています。地図が正方形であることは、後述する**地図タイル**という重要な概念につながっていきます。

2-2-2 平面直角座標系

地球は球体なので、平面に落とし込む際には必ず「歪み」が生じますが、ごく一部の領域で見れば歪みは無視できるほど小さくなります。この考え方で、日本全体をいくつかの領域に分割し、その領域を平面として取り扱う**平面直角座標系**という地図投影法があります。領域ごとに「原点」を定め、そこからのメートル単位の距離により位置を表現します。各領域は**系**と呼ばれ、Ⅰ～ⅩⅨ（1～19）系があります。

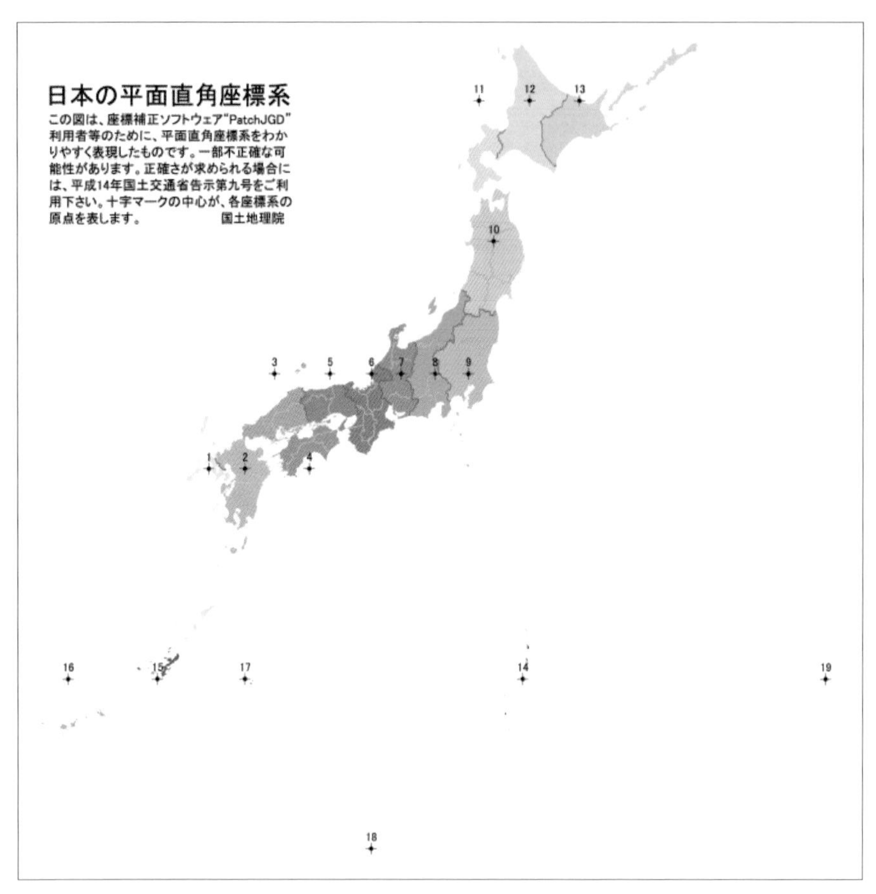

●図2-4 平面直角座標の領域（出典：国土地理院＊3）

一定の領域を平面として取り扱うことで、測量計算が簡単になります（さもなくば、球面を考慮しなければならず、複雑で大量の計算が必要になります）。平面直角座標系は公共測量で用いられるため、公的機関が公開しているデータは平面直角座標系であることがほとんどです。しばしば「平面直角座標系のようだけど、系番号がわからない……」ということが起きますが、そのデータが表しているであろう領域がわかれば、上図の各系が用いられる領域を見ると系番号をある程度推測することができます（たとえば、それが東京都のデータならⅨ（9）系の可能性が高いなど）。

＊3 https://www.gsi.go.jp/sokuchikijun/jpc.html

COLUMN　CRSとEPSGコード

経緯度、あるいはウェブメルカトルや平面直角座標系などのことを、「CRS（Coordinate Reference System：座標参照系）」と呼ぶことがあります。CRSは、測地系[*4]と座標系[*5]の組み合わせのことをいいます。

世界にはとても多くのCRSが存在します。一般に、球体を平面にする際には必ず歪みが発生し、面積・角度・距離を同時に正しく投影することはできません。地図の用途ごとに許容できる歪みが異なるため、用途に応じた多くの地図投影法が必要となるわけです。CRSのデータベースであるepsg.io[*6]には、10,105種類のCRSが存在しています。

多くの場合、CRSは2つの意味で使われ、1つは「位置情報（データ）が準拠しているCRS」で、もう1つは「地図を描画（＝投影）する際のCRS」です。

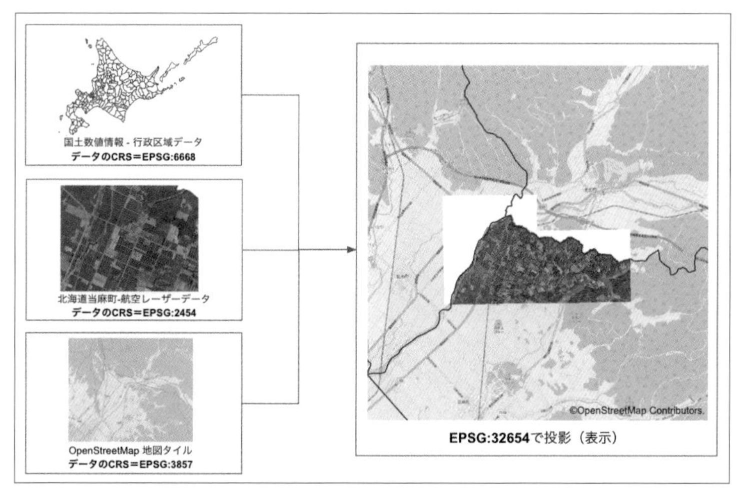

● データのCRSと地図投影時のCRSのイメージ

多くのCRSは**EPSGコード**という識別子を用いて区別されます。以下に例を示します。

- EPSG:4326 ＝ 経緯度（WGS84）
- EPSG:3857 ＝ ウェブメルカトル

＊4　地球上の位置と経緯度を対応させる基準（≒地球の楕円体形状の捉え方）。経緯度が同値であっても、測地系が異なる場合は違う場所を示す。

＊5　数値による位置の表し方のルールのこと。経緯度で位置を示す場合を**地理座標系**と呼び、それ以外を**投影座標系**と呼ぶ。投影座標系には球体を平面に変換するルールも含まれる。

＊6　https://epsg.io/

- EPSG:6679 = 平面直角座標系 X I 系（11系）
- EPSG:6680 = 平面直角座標系 X II 系（12系）

実際の文脈では、「このデータのCRSはEPSG:4326（経緯度）」「EPSG:3857（ウェブメルカトル）で投影する」などと使われます。

また、CRSの識別子のことを「SRID（Spatial Reference System Identifier）」と呼ぶアプリケーションもあります（例：PostgreSQL）。

COLUMN　その他の地図投影法

コラム「CRSとEPSGコード」で、「地図の用途に応じて許容できる歪みが異なり、用途に応じた地図投影法が必要となる」と述べました。広く使われているウェブメルカトルですが、地球全体を1枚の平面にしていることにより、非常に大きな歪みが発生しています。

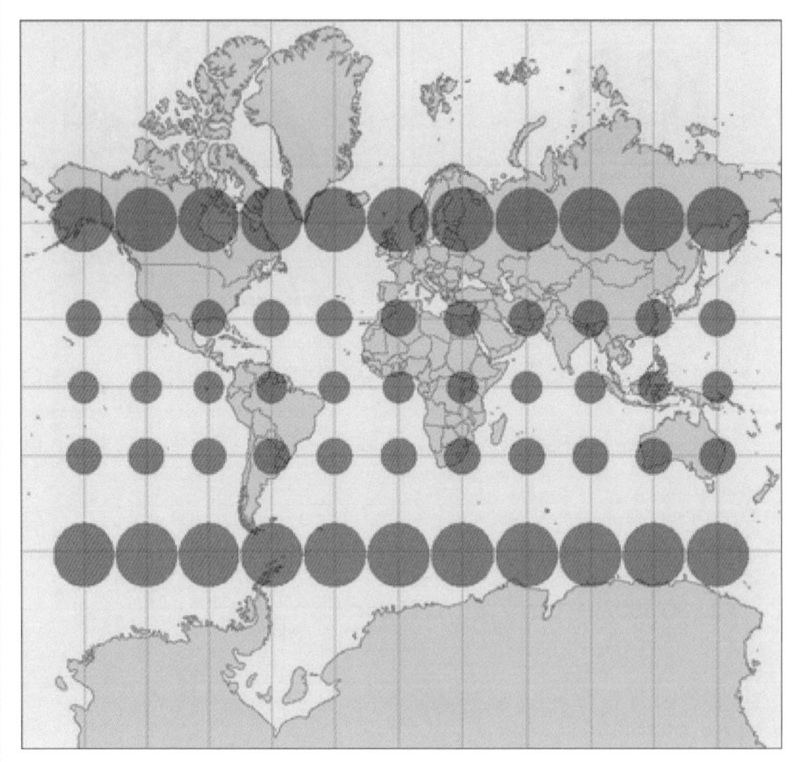

● ウェブメルカトルの歪みを表現する図（出典：https://wiki.openstreetmap.org/wiki/Zoom_levels）

前掲の地図の赤い円は、地球上では実際には同じ大きさの円にもかかわらず、ウェブメルカトルで表示すると、緯度の絶対値が大きいほど大きな円として表示されてしまうことを表しています。面積を正しく表示できる「正積図法」のモルワイデ図法を見てみましょう。

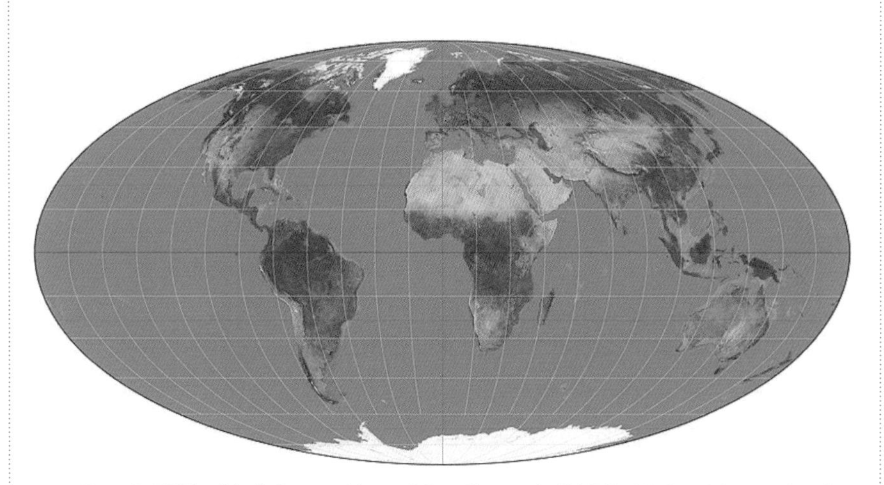

● モルワイデ図法（出典:https://en.wikipedia.org/wiki/File:Mollweide_projection_SW.jpg#/media/File:Mollweide_projection_SW.jpg）

高緯度地域、たとえばグリーンランドに注目すると、ウェブメルカトルでは遥かに大きく表示されていることがわかります。したがって、面積を正しく表示したい場合にウェブメルカトルを使うべきではありません。

一方、モルワイデ図法は面積は正しいですが、方向が読み取りにくいというデメリットがあります（オーストラリアの真北はどこでしょうか？）。

面積の歪みが大きいウェブメルカトルであっても問題なく便利に使えることは、Google マップを使ったことがあれば理解できるでしょう。面積・角度・距離を同時に正しく投影するのは不可能であることを理解した上で、用途に対して適切な地図投影法を用いることが重要です。

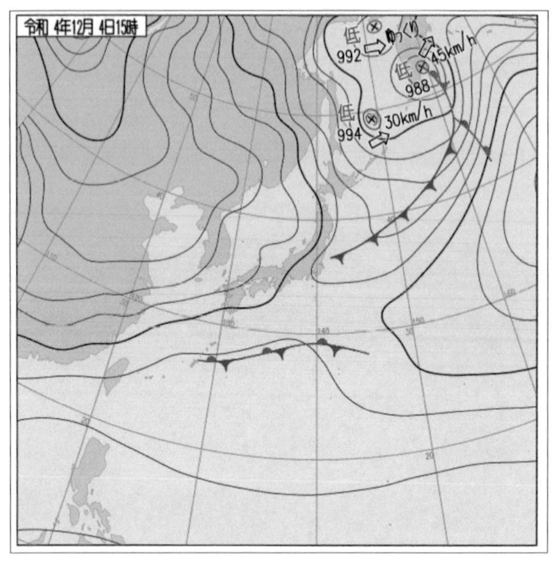

● 天気図（出典：気象庁）

技術情報は公開されていないが、「WINGFIELD - 日本の天気図に使われている地図投影法」*7によれば平射図法

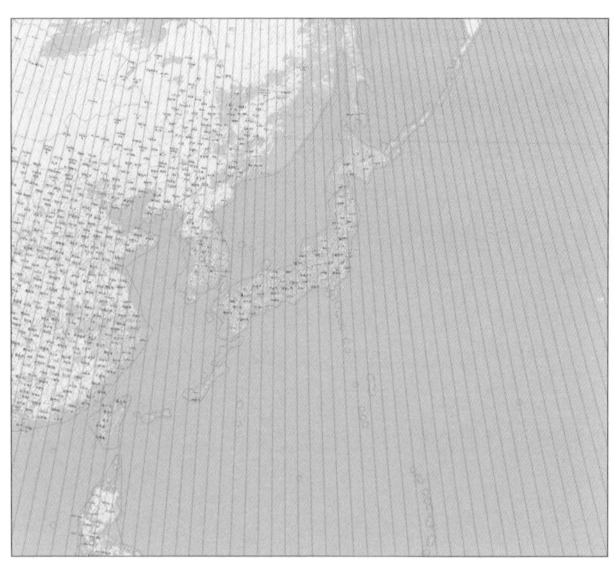

● アルベルス正積円錐図法。国土地理院「全国都道府県市区町村別面積調*8で用いられるパラメータを参考に作図。線分は経度（1度刻み）

＊7　https://www.wingfield.gr.jp/archives/11739
＊8　https://www.gsi.go.jp/KOKUJYOHO/MENCHO-title.htm

2-3 位置情報のデータ形式

位置情報は、座標＝点を元に、地点・経路・領域を示す**ベクトルデータ**と、位置情報を持つ画像の**ラスターデータ**に大別されます。

2-3-1 ベクトルデータ

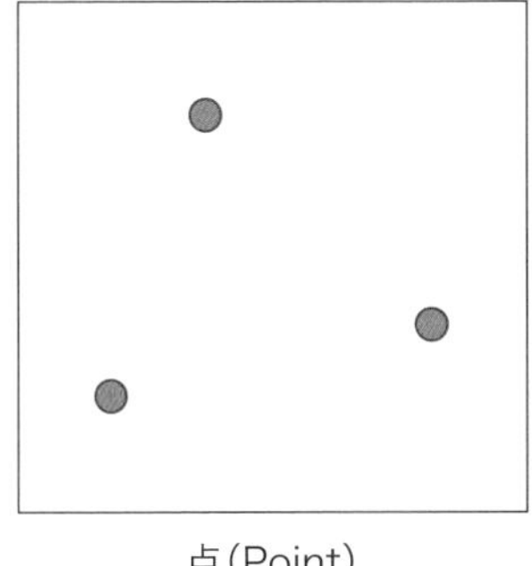

点(Point)

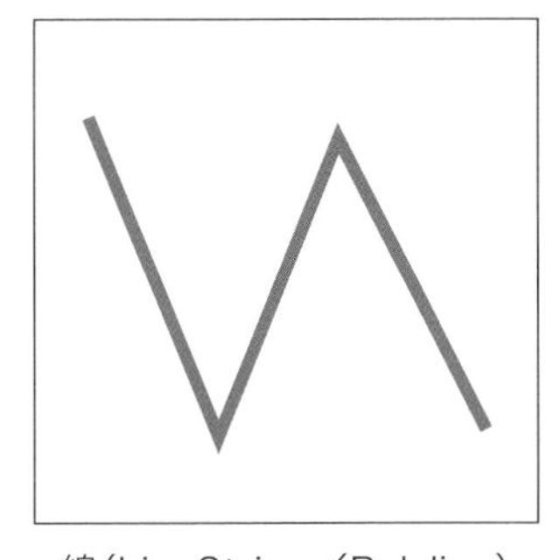

線(LineString／Polyline)

面(Polygon)

●図2-5　点線面のイメージ

ベクトルデータは、点（ポイント、point）、線（ライン、linestring／Polyline）、面（ポリゴン、polygon）に区別されます。線と面は、複数の点を繋ぐことでその形状を表現します。通常、点同士は直線で結ばれ、細かな直線の集合であらゆる形状を表現します。

位置にデータを紐付ける：属性

ベクトルデータは単に位置を示すだけではなく、その位置がどのような意味・値を持つかという、位置に関連する情報を付与しておくことができます。この情報を**属性**（**attributes**）といい、ベクトルデータのみが持つ非常に重要な概念です。

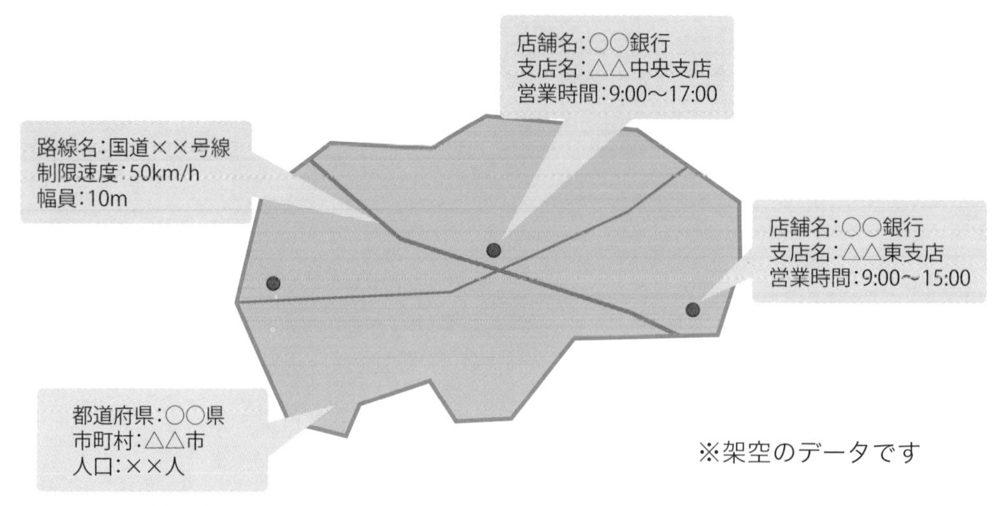

●図2-6　属性を持つベクトルデータのイメージ

図2-6は、架空の市・道路・銀行の位置情報データのイメージです。たとえば銀行について考えると、位置情報なので「その店舗の地点＝座標」を持っていますが、その銀行の名前・支店名・営業時間という情報もセットで管理できると便利そうです。道路であれば、位置情報（ライン）だけではなく、路線名や制限速度、幅員が考えられます。自治体データであれば、領域の形状（ポリゴン）に付随して、市町村名や都道府県名、さらには自治体の人口データなども参照できれば、おもしろい使い方ができそうです。

たとえば、次のようなことが考えられます。

- ▶特定の銀行だけを表示する
- ▶ある時刻に営業している・していない店舗を区別して表示する
- ▶道路の幅員に応じて、ラインの太さを書き分ける
- ▶人口に応じてポリゴンを塗り分ける

これらを実現するのが**属性**です。本書後半の開発編では、属性を活用したさまざまな実装例を紹介します。

2-3-2 ラスターデータ

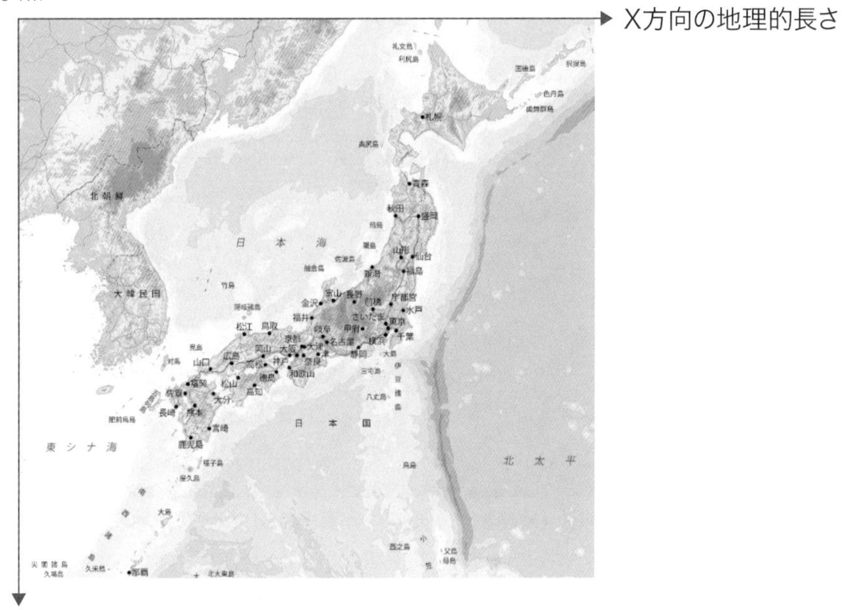

●図2-7　ラスターのイメージ図（地理院タイル標準地図を加工したもの）

ラスターデータが持つ位置情報とは、画像が覆う地球上の領域のことです。より厳密にいうと**画像原点の地理座標と、画像1ピクセルが意味する地理的距離のセット**のことで、ラスターデータは画像であり、画像は長方形であることから、これらの情報があれば画像を地図上のどこに・どんなスケールで配置すべきかが定まります。

ラスターデータの最もわかりやすい例は、航空写真です。

●図2-8 航空写真のイメージ図（地理院タイル空中写真より関東地方の画像を切り抜いたもの）

また、**標高値**（DEM：Digital Elevation Model）もラスターデータであることが多く、各ピクセルに標高値が格納されます。画像としては、標高が高いエリアは白く、低いエリアは黒い見た目になります。

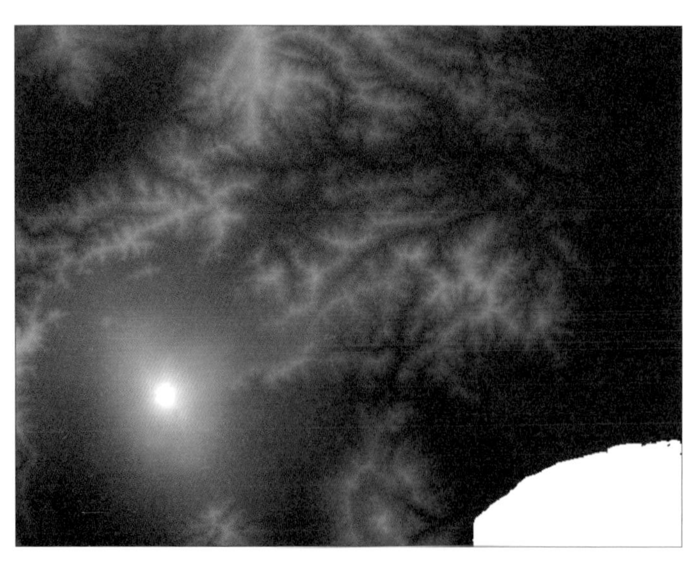

●図2-9 DEMのイメージ図（地理院タイル標高タイルより富士山周辺を加工したもの）

2-4 位置情報のファイル形式

位置情報データは、ベクトルなら属性を、ラスターなら画像を、位置情報と同時に保持しているので、それらを効率よく取り扱うために、多数のファイル形式が存在します。本書ではそのうち、位置情報アプリケーション開発において特に重要なものに絞って解説します。

2-4-1 ベクトルデータのファイル形式

GeoJSON（ジオジェイソン）

GeoJSONは、JSON形式をベースに、その構造を位置情報用に定義したものです。RFCに定義されており[*9]、事実上のウェブ標準の位置情報ファイル形式といえます。具体的な構造は、次のリストのようになってます（「国土数値情報 - 学校データ」を加工したもの）。

●リスト2-1　GeoJSONサンプル

```
{
    "type": "FeatureCollection",
    "features": [
        {
            "type": "Feature",
            "geometry": {
                "type": "Point",
                "coordinates": [143.250157, 42.609857]
            },
            "properties": {
                "P29_001": "01639",
                "P29_002": "A101263900029",
                "P29_003": 16011,
                "P29_004": "上更別幼稚園",
                "P29_005": "河西郡更別村字上更別南13線105-1",
```

＊9　RFC 7946: The GeoJSON Format（https://www.rfc-editor.org/rfc/rfc7946）

```
                "P29_006": 3,
                "P29_007": 1
            }
        },
        {
            "type": "Feature",
            "geometry": {
                "type": "Point",
                "coordinates": [144.985652, 43.368644]
            },
            "properties": {
                "P29_001": "01691",
                "P29_002": "A101269100024",
                "P29_003": 16011,
                "P29_004": "中西別幼稚園",
                "P29_005": "野付郡別海町中西別160-14",
                "P29_006": 3,
                "P29_007": 1
            }
        }
    ]
}
```

このJSONの構造を読むと、「**features**」という配列があるため、複数の、**Feature**を持っていることが何となく理解できるでしょう。「Feature」という単語は位置情報の世界ではよく使われ、日本語としては「**地物**（ちぶつ）」という言葉が充てられています。地物とは、1つの位置情報（点・線・面）のことを指しています。したがって、上記のGeoJSONには地物が2つあるといえます。ベクトルデータなので、地物は属性を持ち、GeoJSONでは**properties**と呼ばれる辞書として保持します。

GeoJSONは、位置情報アプリケーション開発では最も利用する機会が多いファイル形式です。JSONは、データ構造がシンプルであり、人間にとっての可読性も高い形式です。ただし、テキストベースのファイル形式であるため、後述のバイナリベースの形式に比較すると、同等の量の位置情報を保存する場合にファイルサイズが非常に大きくなること、位置情報のデコードにコストがかかることは理解しておく必要があります。このため、大量の位置情報データの保存・配信には不向きです。

ESRI Shapefile（シェープファイル）

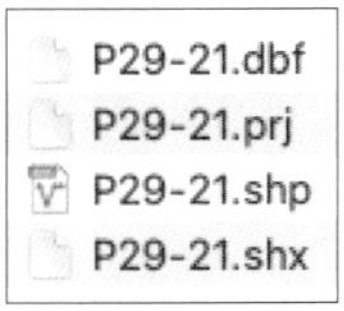

P29-21.dbf
P29-21.prj
P29-21.shp
P29-21.shx

●図2-10　シェープファイル群のイメージ

ESRI Shapefileは、世界的なGIS開発会社であるESRI社が策定し、仕様を公開[*10]しているファイル形式です。歴史のある規格で、多くのGISが対応していることから、一般に配布されている位置情報データの大半は、このファイル形式です。シェープファイルは、単一のファイルではなく、**shp**ファイル、**shx**ファイル、**dbf**ファイルなどから成るファイル群のことを指します。「など」としたのは、必須なのは前述の3ファイルで、ほかに任意のファイルがいくつか存在するためです（投影法を指定する**prj**ファイル、文字コードを指定する**cpg**など）。これらは、同一ディレクトリに存在している必要があるため（複数のファイルを同時に取り扱うため）、クライアント・サーバー型のアプリケーションには不向きです。バイナリベースでありファイルサイズなどの面で有利なので、位置情報データを保管・公開するのには適していますが、ファイルサイズに2GBという上限があったり、文字コードが任意であるために文字化けが発生したりと、広く普及しているもののユーザー泣かせな規格です。

MapboxVectorTile（ベクトルタイル）

MapboxVectorTileは、ウェブ地図サービスを提供するMapbox社が策定し、仕様を公開[*11]している、大量のデータを配信することに特化したファイル形式です。**Protocol Buffers**（プロトコルバッファ）[*12]に準拠したバイナリデータであり、そのデータ構造も非常によく設計されたものであるため、それまでは困難であった大量のベクトルデータを配信することが可能になりました。この形式は**地図タイル**の概念がベースとなっているため、詳細は後述の地図タイルの項で改めて解説します。

CSV

●リスト2-2　CSVデータの例

```
名称,住所,経度,緯度
上更別幼稚園,河西郡更別村字上更別南13線105-1,143.250157,42.610
中西別幼稚園,野付郡別海町中西別160-14,144.985652,43.369
上西春別幼稚園,野付郡別海町西春別駅前西町1-8,144.761843,43.416
```

＊10　ESRI Shapefile Technical Desription：https://www.esri.com/Library/Whitepapers/Pdfs/Shapefile.pdf
＊11　mapbox/vector-tile-spec（https://github.com/mapbox/vector-tile-spec）
＊12　Protocol Buffers | Google Developers（https://developers.google.com/protocol-buffers）

各行が経緯度を持つCSV（Comma Separated Values：カンマ区切りテキスト）もベクトルデータと見なすことができます（リスト2-2は「国土数値情報 - 学校データ」を加工したもの）。

その他のベクトルデータ形式

その他にもよく使われているベクトルデータのファイル形式がいくつかあるので、簡単に紹介しておきましょう。

- GeoPackage：QGISの標準ファイル形式であり、高速に動作し、多機能
- DXF：CADソフトウェアで用いられる形式
- KML：Google Earthの標準ファイル形式
- GPX：GPSの測定データの保存に用いられる形式

2-4-2 ラスターデータのファイル形式

GeoTIFF（ジオティフ）

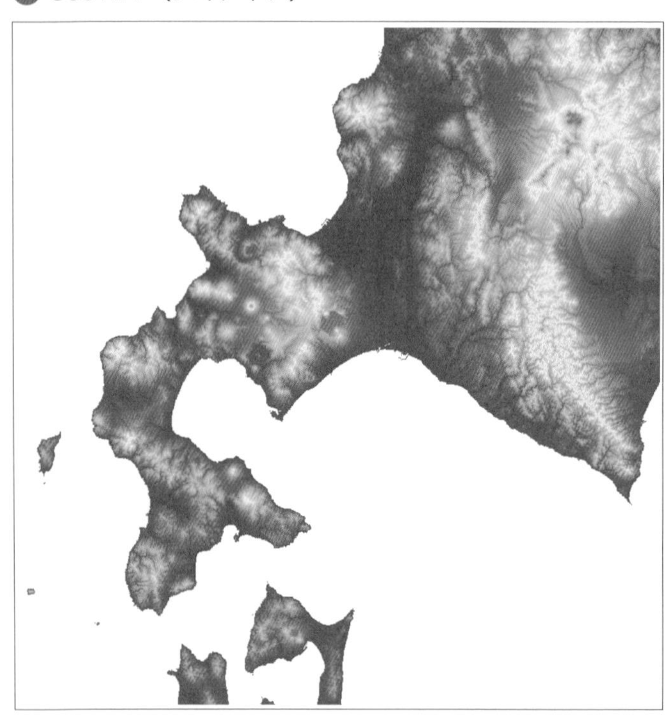

図2-11　GeoTIFFのイメージ図（地理院タイル標高タイルより北海道付近を加工したもの）

GeoTIFFは、TIFF画像に位置情報を埋め込んだ形式です。一般的に配布・利用されているラスターデータのほとんどはこの形式で、**位置情報ラスターデータの標準**といえるでしょう。しかし、1ファイルのサイズが大きくなる傾向にあるため（GB級）、クライアント・サーバー型のアプリケーションで利用されることは多くはありません。

その他の画像形式（JEPG、PNG、WEBP）

これらのファイル形式は一般的な画像フォーマットですが、位置情報分野では**地図タイル**としてよく使われています。画像自体は位置情報を持ちませんが、地図タイルの仕組みにより、タイル画像を地図上のどこに配置すべきかが一意に定まるようになっているためです。

COLUMN 位置情報のためのデータベース

クライアント・サーバー型のアプリケーションでは、データの永続化（ユーザーデータの保存など）のためにデータベースを利用することが一般的で、位置情報アプリケーションでも同様です。その際には、位置情報の取り扱いに対応したデータベースサーバとしてPostgreSQL[*13]やMySQL[*14]などが用いられます。筆者の観測範囲（FOSS4G界隈）では、PostgreSQLが選択されることが多いようです。PostgreSQLで位置情報を利用する場合は、PostGISという拡張機能を追加する必要があります。

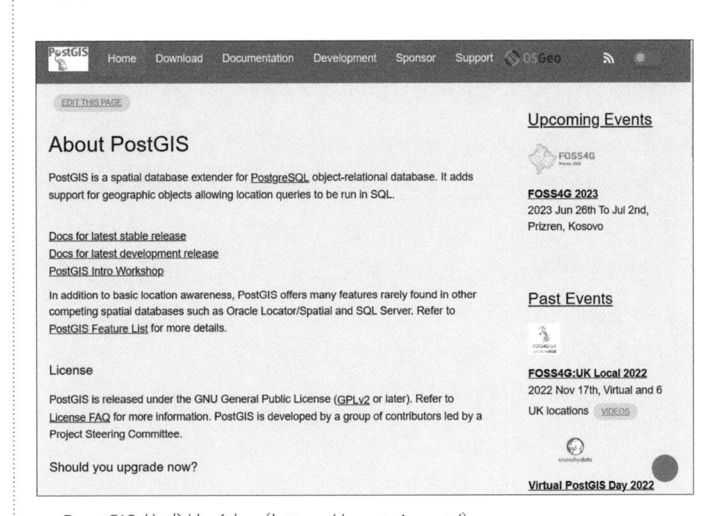

● PostGIS公式サイト（https://postgis.net/）

＊13 https://www.postgresql.org/
＊14 https://www.mysql.com/

PostGISは、PostgreSQLに、geometry型のサポートと、位置情報のための特別な関数群を提供します。PostGISはFOSS4Gの中心的な存在の1つで、活発にメンテナンスされています。PostGISをテーマにしたイベントも開催されています（https://info.crunchydata.com/postgis-day-2022）。

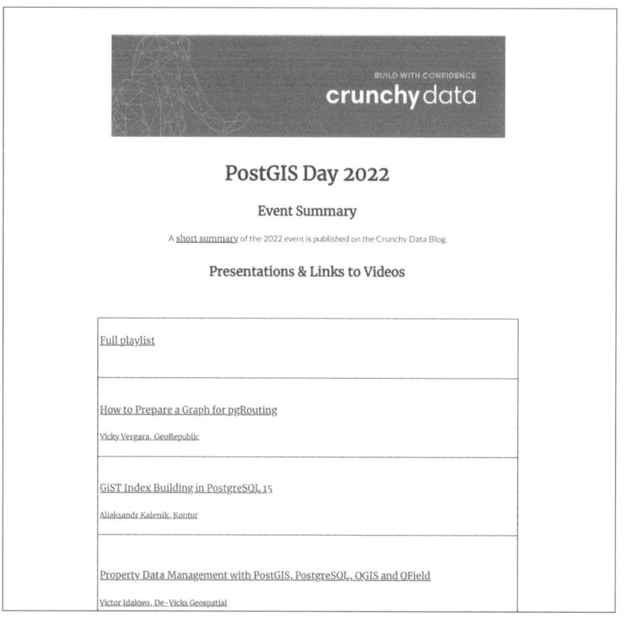

● PostGISをテーマにしたイベント「PostGIS Day」は、2022年はオンライン開催された

また、位置情報の世界では、データベースは単にデータの永続化のためだけでなく、大規模データの処理のために使われることも多くあります（むしろ、処理のためだけに使うこともあります）。というのも、位置情報データは数が非常に多くなりがちで、ファイルのままでは各種処理の速度に難があるためです。数億単位の莫大なデータを処理する場合は、データベースの利用を検討すべきです。

2-5 位置情報の配信方法

第1章でも述べたように、位置情報アプリケーションの特徴は、**扱うデータのサイズが大きい・数が多い**ことです。数GB級の位置情報データを、アプリケーションのパフォーマンスを落とさずに配信するためには工夫が必要です。このことを前提に、位置情報アプリケーション開発において、近年、主に利用されている位置情報データの配信方法を紹介します。

2-5-1 ファイルをそのまま配信する

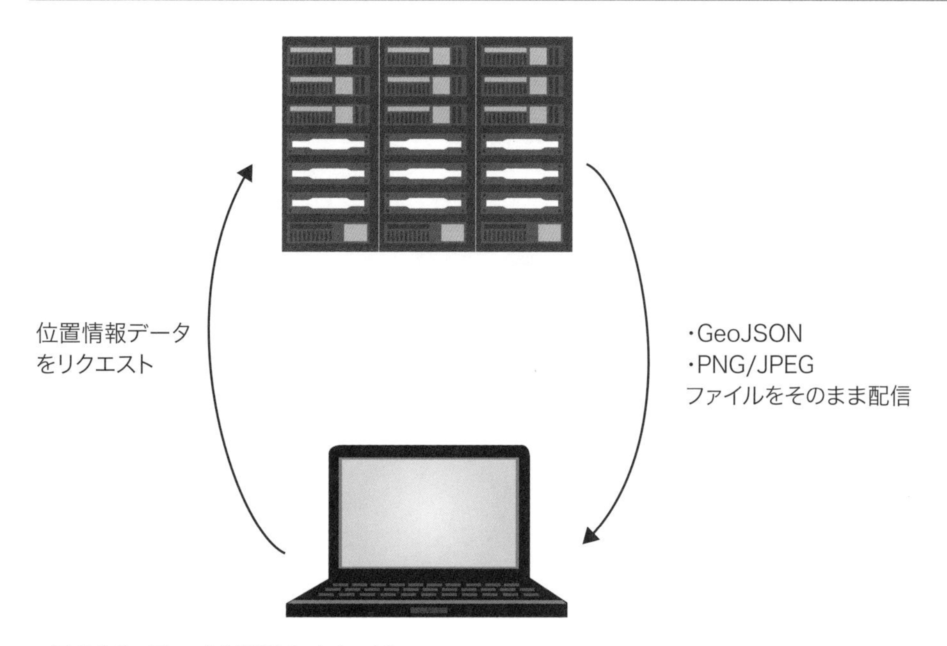

●図2-12　ファイル配信のイメージ

GeoJSONデータや画像データをウェブサーバーからそのまま配信する方法です。クライアント側の実装が簡単でサーバーの負荷・運用コストも小さいため、**データサイズが小さい場合には最適な手法**です。対象のデータ全体をダウンロードする必要があるため、データサイズが大きいと通信量が大きくなり、ダウンロードに相応の時間がかかります。この手法における明確なサイズ上限はありませんが、パフォーマンスの観点から数十MBが実質的な上限でしょう。しかし、この上限サイズは位置情報データとしてはとても小さい*15ので、もっと大きなデータをパフォーマンスを落とさず配信するには別の方法が必要です。

2-5-2 バウンディングボックス：必要最小限の領域をリクエストする

数億件の建物データや航空写真データといった巨大な位置情報データがあったとして、そのデータのすべての領域が同時に必要となることはあるでしょうか？ 現実のユースケースでは、必要なのは、そのうちのごく限られた範囲のデータです。このことから、クライアントが必要とする領域（＝**バウンディングボックス**）のデータだけをサーバーにリクエストし、サーバー上でデータを切り出してレスポンスするという手法があります。

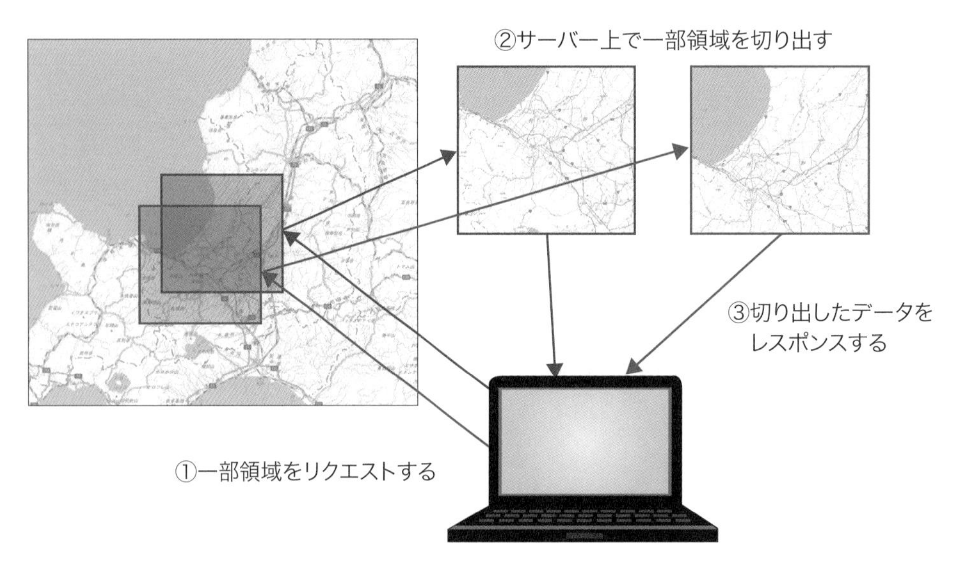

●図2-13 バウンディングボックスによるリクエストのイメージ（経緯度２つ）

この手法なら、どれだけ大きな位置情報データであっても通信量を抑えて配信することができます。ただし、クライアント側の実装が複雑になること、サーバーの実装が必要で運用コストもかかること、非常に広い範囲がリクエストされた場合に結局通信量が大きくなってしまうといった欠点もあります。特にサーバーの負荷が問題で、リクエストに応じてデータを切り出す処理にはそれなりの計算コストがかかるため、多数のリクエストが想定される場合には相応の負荷対策が必要となります。

＊15 たとえば、「国土数値情報-行政区域データ（2021年）」は、GeoJSON形式で688.5MBになる。

2-5-3 地図タイル：巨大なデータをタイル状に分割する

「どれだけ大きなデータであっても、一度に必要となるのはその一部である」という考え方をベースに、バウンディングボックスによる配信の欠点を克服したのが**地図タイル**という概念です。これは、大きな位置情報データを事前にタイル状に事前に分割しておくことで、特別なサーバー実装なしに必要な範囲のデータだけの配信を可能としたものです。地図タイルを理解するには、**タイルインデックス**という仕組みを知る必要があります。

タイルインデックス

タイルインデックスとは、全世界を所定のルールでタイル状に分割し、それぞれのタイルにあらかじめ「番地」を定めておく仕組みです。番地は、ズームレベル値（Z）・横方向の位置（X）・縦方向の位置（Y）という3つの整数値から成ります。

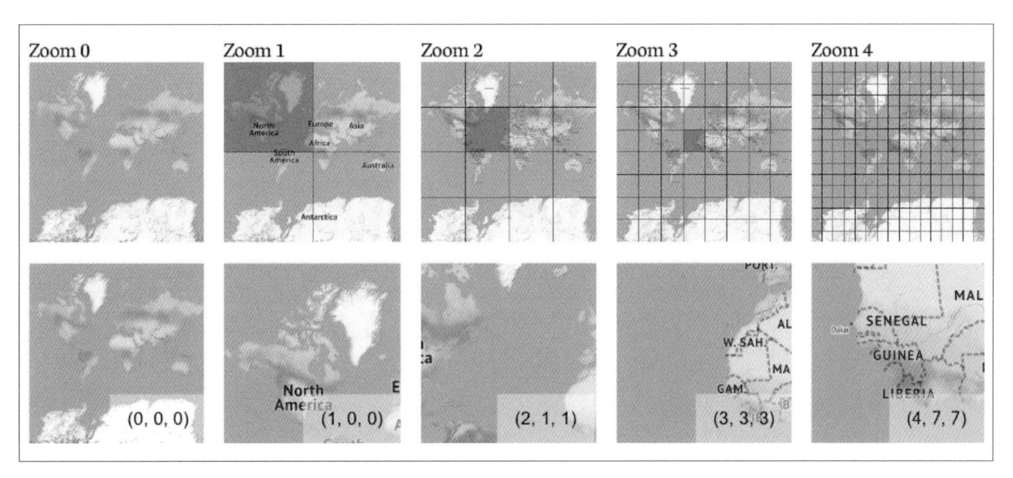

●図2-14　タイルインデックスのイメージ*16

タイルインデックスでは、ズームレベルが1つ上がる際に1つのタイルを4つのタイルに分割します。つまり、地図タイルは「四分木（quad tree）」ということになります。では、この「地図タイルツリー」の根は、どのように決定されるのでしょうか？　それが**ウェブメルカトル投影法**による世界地図です。ウェブメルカトルでは、世界地図は正方形で表されますが、この正方形の領域こそが地図タイルツリーの根のタイルであり、「ズームレベル0」のタイルとなっています。ズームレベル0は、タイル1枚で世界全体の領域を表現します。ズームレベル1はズームレベル0のタイルを4つに分割したものなので、4枚のタイルで世界を表現します。同様に、ズームレベル2では16枚、3では64枚……と、**ズームレベルが大き**

＊16　https://medium.com/planet-stories/a-gentle-introduction-to-gdal-part-3-geodesy-local-map-projections-794c6ff675caで公開されている画像を加工したもの。©Stamen Design, CC BY-SA 3.0

くなるほど、より細かいタイルで世界全体を表現するようになります。

ここで最も重要な点は、**タイルインデックスの3つの値（XYZ）から、そのタイルの領域が一意に定まる**ということです。タイルが特定される様子は図2-14で理解することができるでしょう。下半分の画像上にある「(2, 1, 1)」などがタイルの番地を表し（それぞれの数字は(ズームレベル、X番地、Y番地)に対応する）、ズームレベルが上がるごとに世界地図は細かいタイルに刻まれていきますが、そのタイルを並べる順は一定なので、整数値3つで特定の領域を表すことができるというわけです。

COLUMN タイルの分割ルール：XYZ形式とTMS形式

位置情報データとして一般的に用いられる分割ルールのほとんどは**XYZ形式**ですが、TMS形式＊17と呼ばれる分割ルールもあります。タイルの切り方はXYZ形式と同じなのですが、タイル番地の付番ルールが異なります。XYZ形式では左上を原点（X=0, Y=0）としますが、TMS形式では左下が原点となり、縦方向の位置（Y）の振り方が逆順になります。

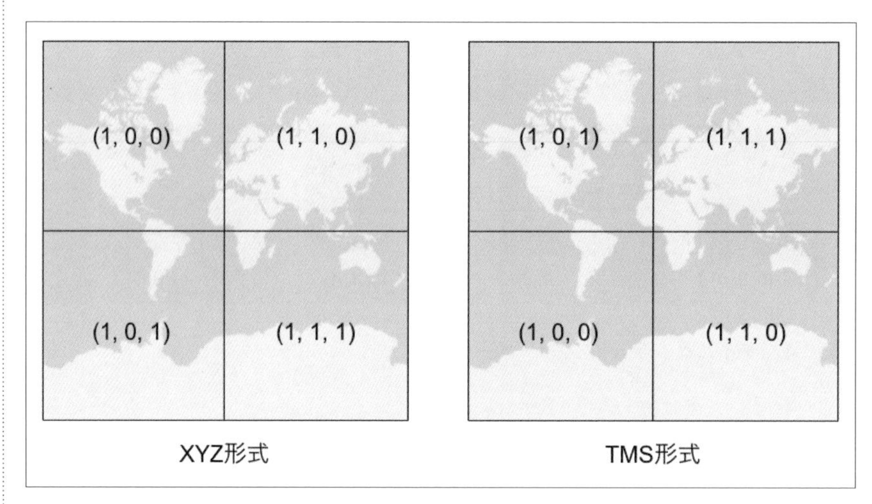

● XYZ形式とTMS形式の違いイメージ図（ズームレベル1の場合）

©OpenStreetMap Contributors

＊17 https://www.ogc.org/standards/tms

　このことで起きるありがちな問題が、日本のデータのタイルのはずなのにオーストラリア付近に表示されるというもので、これはTMS形式で作成したタイルをXYZ形式として表示してしまっている場合に発生します。
　なお、TMS形式はOGC＊18標準なのですが、そうではないXYZ形式のほうが広く使われており、事実上のスタンダードとなっています。

地図タイルの配信

　タイルインデックスの仕組みにより、世界全体を所定のルールでタイル化し番地を与えることができることがわかりました。ここで位置情報データの配信手法の議論に戻り、タイルインデックスがどのように便利なのかを考えてみましょう。
　まずバウンディングボックスによるリクエストの場合、クライアントは任意の領域を要求できるため、**サーバー側は事前にどの範囲のデータが要求されるか予測できません**。したがって、事前にデータを切り出しておくことは不可能で、クライアントからのリクエストに応じて逐一切り出し処理を行う必要があります。

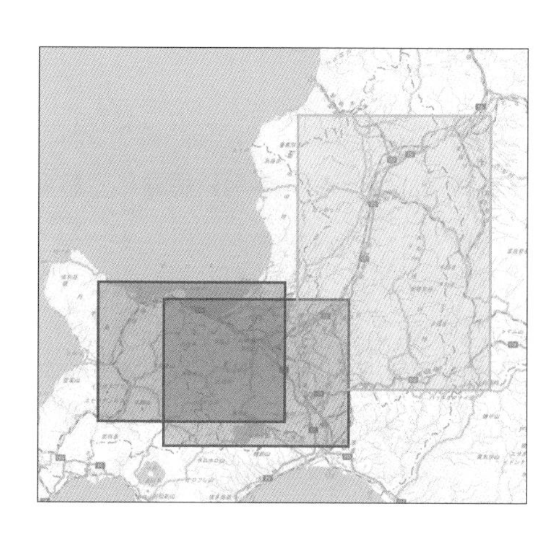

- どの領域がリクエストされるか事前に予想できない
- 複数のリクエストで領域が重複していると、何度も同じデータをレスポンスすることになる
- 大きな領域をリクエストされると、結局データが大きくなってしまう

●図2-15　バウンディングボックスのリクエストの欠点のイメージ。地図上の長方形はリクエストされるバウンディングボックスを示す（出典：地理院タイルより淡色地図）

　ここで、クライアントからのリクエストをバウンディングボックス（経緯度のペア）ではなくタイルインデックスにすることを考えます。つまり、タイル番地を示す3つの値（XYZ）を用いてリクエストするということです。

＊18　Open Geospatial Consortiumの略で、位置情報に関する標準規格を定義・開発する団体（https://www.osgeo.org/）

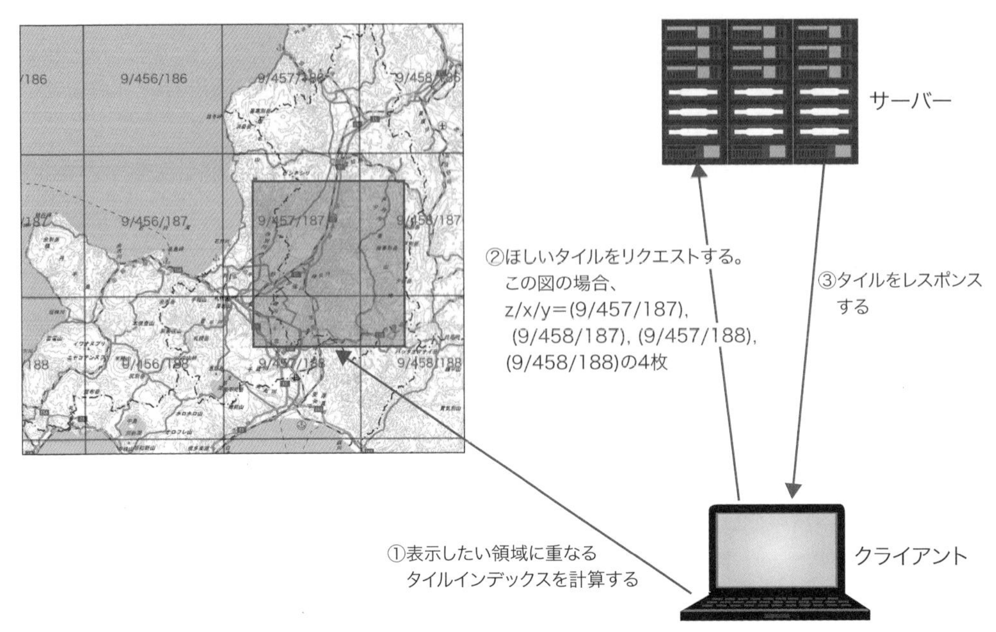

●図2-16　タイルインデックスによるリクエストイメージ（出典：地理院タイルより標準地図およびタイル座標確認ページ）

タイルインデックスによるリクエストであれば、リクエストのパターンが整数値3つの組み合わせに限定されるため、サーバー側は**リクエストに対するデータを事前に用意しておくことが可能**となります。つまり、どれだけ大きな位置情報データであっても、あらかじめタイル状に分割したファイルをすべて作成しておくことで、ウェブサーバーだけで静的に配信できるということです。また、リクエストのパラメータのパターンが限定されるため、キャッシュを効かせることもできます。このように、地図タイルは前述のバウンディングボックス配信の欠点を克服したものになっているのです。

ただし、地図タイル特有のデメリットも理解しておかなければなりません。広い範囲の位置情報データをタイルに分割すると、タイルの数は非常に多くなります[*19]。これは、**事前に分割する処理に大きなコストがかかること、サーバーに保管すべきファイルの数が多くなること**を意味します。また、元のデータに変更があった場合には、タイルを再作成する必要があります。

＊19　総タイル数は「$\frac{4^{z+1}-1}{3}$」という式で計算できます（zはズームレベル）。z=4では341タイル、z=12では22,369,621タイルとなります。

ラスタータイル

ラスターデータのタイルを**ラスタータイル**と呼びます。ラスタータイルの各ファイルは、PNGやJPEGなどの画像形式です。

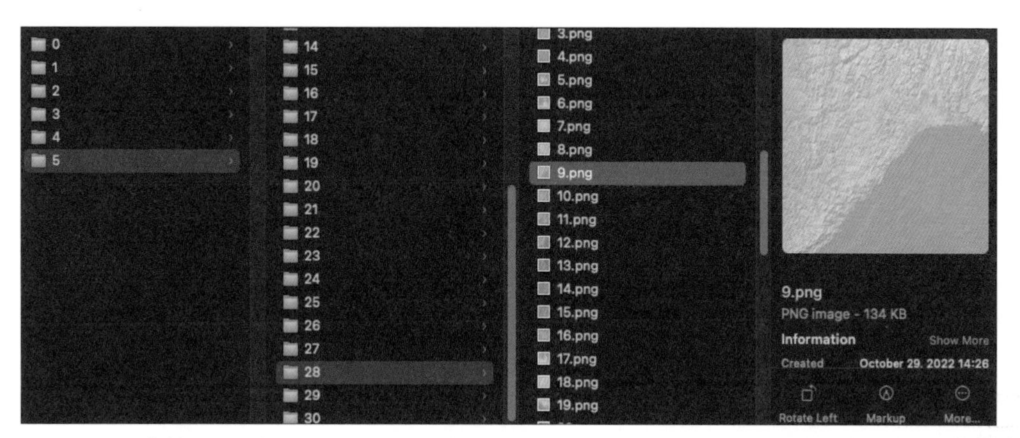

●図2-17　事前に切り出したファイル群を配信するイメージ（出典：Natural Earth）

これらのファイルの実体は単なる画像なので位置情報を持ちませんが、タイルインデックスのXYZの値から領域が一意であるという性質により、**ファイルパス自体が位置情報を持っている**といえます。

●リスト2-3　ファイルパスが位置情報を表すイメージ

```
http://<samplehost>/5/28/11.png
```

リスト2-3は、「(z, x, y)=(5, 28, 11)」というタイルインデックスのタイル画像を配信するURLの例です。タイルインデックスの3つの値がわかっているので、この画像が表す領域も一意に定まり、地図上の適切な位置に表示できるわけです。たとえば、「(5, 28, 11)」番地のタイルは、北海道のあたりを覆うタイルとなります。

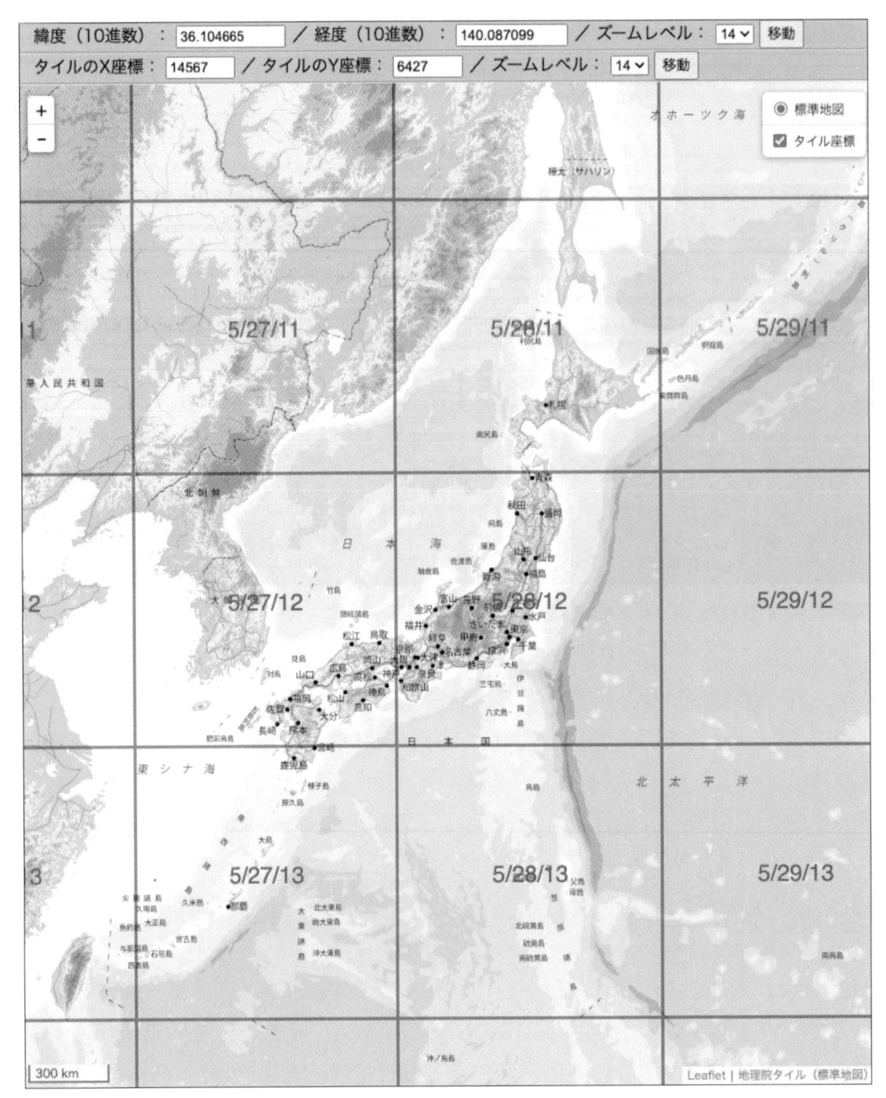

●図2-18　タイル座標確認ページ（https://maps.gsi.go.jp/development/tileCoordCheck.html）

タイル1枚あたりの画像解像度はズームレベルを問わず一定で、主流なのは256×256ピクセルです（高解像度なタイルとして512×512ピクセルも普及しています）。タイルが示す領域が常に正方形なので、画像も正方形となります。「ズームレベルごとにタイル1枚が表す広さは異なるのに、タイル1枚あたりの解像度は固定なのだろうか？」という疑問を持った人もいるかもしれません。これはそのとおりで、オリジナルのデータはタイル分割の際に「縮小」処理されます。たとえば、ズームレベル0のタイルは、解像度256×256ピクセルの画像で世界全体を表現します（さもないと、ズームレベル0の画像が巨大となってしまいます)。たとえば、図2-19はズームレベル0、すなわち地球全体を1枚で表しているタイル画像です。

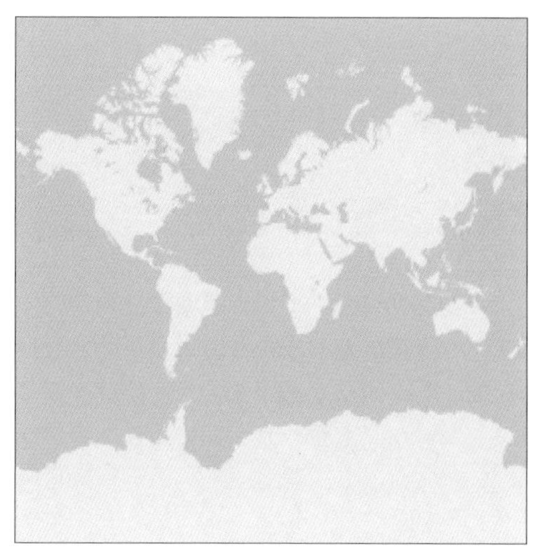

●図2-19　ズームレベル0の画像（©OpenStreetMap Contributors）

解像度256×256ピクセルで世界全体を表現しているので、細部が捨象された画像になっていることがわかるでしょう。このように、オリジナルのデータは、タイル化の際にズームレベルに応じた領域・解像度に変換されます。また、ズームレベルが上がるとタイル1枚が表す領域は小さくなる一方で、解像度は一定であるため、ズームすればするほど詳細な画像が表示されることになります（当然、オリジナル画像よりも詳細になることはありません）。

ベクトルタイル

ラスタータイルと同じ考え方で、ベクトルデータをタイル化処理したものが**ベクトルタイル**です。ベクトルタイルのファイル形式は前述した**MapboxVectorTile**（**MVT**）で、拡張子には**mvt**や、プロトコルバッファを意味する**pbf**が用いられます(後者が主流です)。ラスターデータは画像なので、タイル化の際の「縮小」処理もイメージしやすいでしょう。しかし、ベクトルデータは任意の数の座標を実数値として持つため、縮小処理の考え方がまったく異なります（地物・頂点の間引き、簡素化処理）。さらに、タイルの切れ目の処理など、ベクトルデータのタイル化においてはラスターにはなかった技術的課題もあります。実際に、ベクトルタイルが「発明」されたのはラスタータイルよりもずいぶん後のようです（ラスタータイルは2010年ごろ[*20]、ベクトルタイルは2015年ごろ[*21]。なお、本書ではデータの仕様

＊20　ラスタータイルの規格1つである「WMTS」（(https://www.ogc.org/standards/wmts)）がOGC標準となったのが2010年。

＊21　MapboxVectorTileの仕様が安定したのが2015年（https://github.com/mapbox/vector-tile-spec）。

や「縮小」アルゴリズムには触れません[*22])。

ベクトルタイルの登場は、位置情報アプリケーションの世界を一変させました。条件にもよりますが、一般に次のようなメリットがあります。

- ラスタータイルよりも遥かに短時間で作成できる
- ラスタータイルよりもファイルサイズを小さくできる
- ベクトルデータであるため、属性を保持できる
- クライアント側で自由にスタイリング[*23]できる

ベクトルタイルは、現代の位置情報アプリケーション開発において最も重要な技術といえます。ベクトルタイルを活用することで、大量のデータを用いたリッチな表現が可能となります。ただし、クライアント側にベクトルタイルに対応した実装を要求することには注意が必要です(ラスタータイルに比べて、ベクトルタイルに対応したアプリケーション・ライブラリは限られるからです)。

COLUMN WMS・WMTSなどのプロトコルについて

位置情報アプリケーションにおけるクライアント・サーバー間のプロトコルにとして、WMSやWMTSといったOGC標準の規格があります。

- WMS(Web Map Service):ラスターデータ配信仕様、バウンディングボックスベース
- WMTS(Web Map Tile Service):ラスターデータ配信仕様、タイルインデックスベース
- WFS(Web Feature Service):ベクターデータ配信仕様、バウンディングボックスベース

近年の地図タイルなどの技術の進歩により、新たに採用されることはなくなりつつありますが、これらの規格で開発・運用されているサービスはまだまだ稼働しているので、知識として知っておくとよいでしょう。

＊22 Vector tiles standards(https://docs.mapbox.com/data/tilesets/guides/vector-tiles-standards/)
＊23 地図のデザインのこと。着色、線の太さ、ラベルなどの表現のカスタマイズ。

COLUMN　位置情報を配信するためのサーバー実装

いわゆる「サーバーサイド」実装は本書がカバーする範囲ではありませんが、実務で利用されるサーバーアプリケーションをいくつか紹介します。

- Django：Pythonで実装されたウェブフレームワーク。公式で位置情報拡張が実装されている＊24
- GeoServer：位置情報の配信、CRUD処理を提供するサーバーアプリケーション＊25
- MapServer：サーバーサイドで地図をレンダリング・配信するための歴史あるサーバーアプリケーション＊26

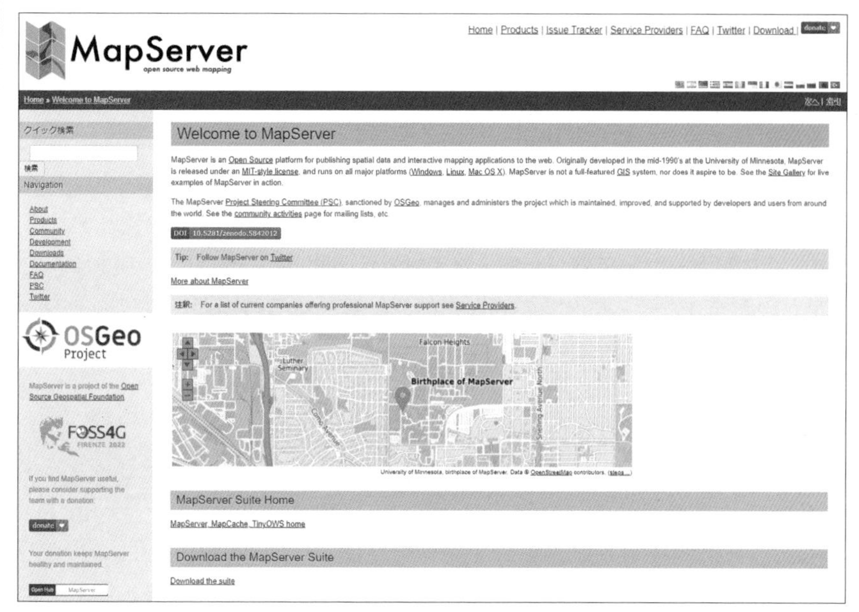

● MapServer公式サイト（https://mapserver.org/）

バウンディングボックスによるリクエストといった特別なサーバー実装が必要となる場合は、こういったサーバー実装をPostgreSQLなどのデータベースと組み合わせて位置情報の配信基盤を構築します。

＊24　https://docs.djangoproject.com/en/4.1/ref/contrib/gis/
＊25　https://geoserver.org/
＊26　https://mapserver.org/

2-6 サーバーレスの潮流：Cloud Optimized

データ配信の解説の最後は、近年の最新トレンドの紹介です（2022年執筆時点）。本章を振り返ると、位置情報データの配信については次のようにまとめられます。

- クライアント・サーバー型アプリケーションにおいて、一度に全体をダウンロードできないほどに大きい位置情報データの配信が必要となる
- 位置情報データ全体のうち、クライアントが必要とするのはごく一部である

このことから、バウンディングボックスによるリクエストや地図タイルという概念が生まれ、大規模なデータの配信が実現し、広く普及しました。しかし、**事前にタイル化するコストが大きい・ファイル数が膨大**という課題があります。この課題は地図タイル実装によるデメリットなので、許容できないならバウンディングボックス実装とすればよいのですが、こちらには**サーバー実装が必要・負荷対策が必要**という課題があります。まさにトレードオフといえますが、この2つの課題を同時に解決する技術が、近年のトレンドの**Cloud Optimized**なファイル形式です。

Cloud Optimized（クラウド最適化）とは？

「クラウド」という言葉が含まれるので、近年主流となっているパブリッククラウドのサービスを活用した配信方式という誤解をしてしまいがちなのですが、ここでの「クラウド」は単に**サーバーレス**を意味しているだけで、特別なサービスに依存した仕組みではありません。

Cloud Optimizedとは、特別なサーバー実装を必要とせずに、大きな位置情報データの一部分を配信することを可能とするファイル形式の総称です。Cloud Optimized形式は共通して、「HTTP-Range Requests＊27」によって大きな位置情報データのバイト列の一部分をリクエストすることで、一部の領域だけのデータを取得するという仕組みになっています。次に示したのは、Cloud Optimizedファイル（と、ウェブサーバー）との通信の流れの一例です。

＊27　RFC 7233: Hypertext Transfer Protocol (HTTP/1.1) - https://www.rfc-editor.org/rfc/rfc7233

1. Cloud Optimizedファイルのバイト列のヘッダー部分をRange Requestする
2. ヘッダーを読み取り、ファイル全体のうちで必要な領域が、ファイルのバイト列のどの部分に存在するかを計算する
3. ファイル全体のうちで必要な領域のバイト列の一部分をRange Requestする

Range Requestsは現代の一般的なウェブサーバーであれば対応しているので、特別なサーバー実装が必要なく（＝サーバーレス）、AWSやAzureといったパブリッククラウドのサービスも必須ではありません。ただし、データへのリクエストの仕方が特殊であるため、クライアント側でファイル形式に応じた実装が必要となります。

最新トレンドとして紹介していますが、ラスターデータではすでにCloud Optimized形式が普及期にあり、**Cloud Optimized GeoTIFF（COG）**がデファクトスタンダードになっています。国内では、JAXAがCOG形式で衛星画像を配信しています[＊28]。一方、ベクトルデータは規格が多数考案されている状況で、まだ普及期には至っていません。

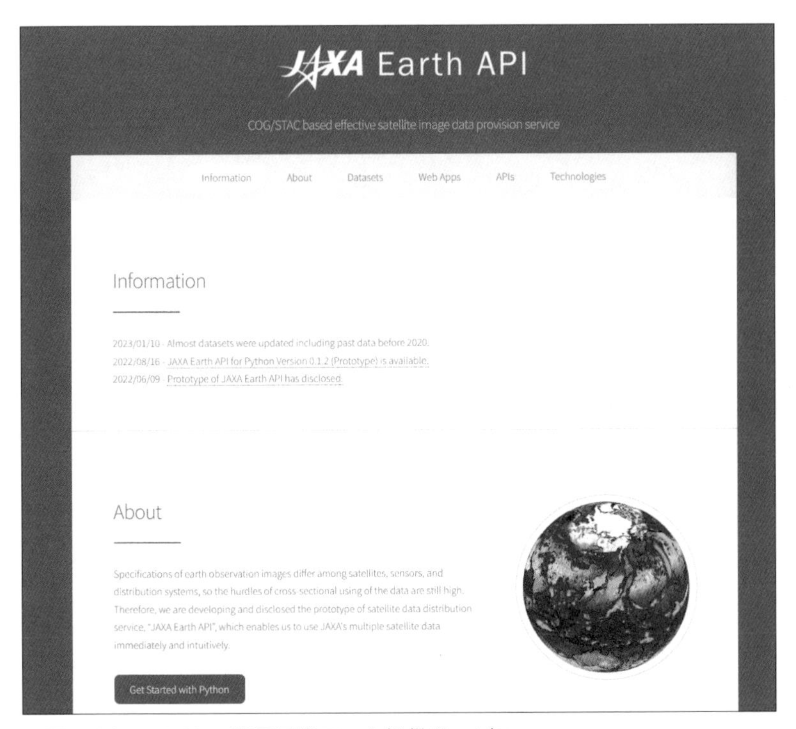

●図2-20　JAXAの衛星画像データ提供サービス

＊28　https://data.earth.jaxa.jp/

Cloud Optimized GeoTIFF（COG）

ラスターデータの標準であるGeoTIFF形式をRange Requestsを実現するために拡張したファイル形式です。GeoTIFFのピラミッド画像[*29]という仕組みをベースに、部分データの配信を実現しています。GeoTIFFの拡張であるため、GISからは従来のGeoTIFFと同じ感覚で使えることが普及に一役買っているといえます。GeoTIFFをCOGにする際に計算コストがかかること、内部にピラミッド画像を保持するためにファイルサイズが多少大きくなることといったデメリットがありますが、一定以上の大きなデータなら、得られるメリットのほうが大きいでしょう。また、周辺ツールの実装も充実しています[*30]。

その他のCloud Optimized形式

その他の形式はまだ普及期にありませんが、中でも注目すべき形式を簡単に紹介します。

- FlatGeobuf：FlatBuffers[*31]を土台とするベクトル形式
- GeoParquet：Apache Parquert[*32]を土台とするベクトル形式
- PMTiles：地図タイルを土台とする形式[*33]

＊29　オリジナルの解像度のほか、低解像度の画像を内部的に保持する仕組み。GIS上での表示パフォーマンスに寄与する。
＊30　QGISのほか、ブラウザで動作するgeotiff.jsや位置情報データ変換ライブラリのGDALなどが対応している。
＊31　https://google.github.io/flatbuffers/
＊32　https://parquet.apache.org/
＊33　https://github.com/protomaps/PMTiles

第3章

位置情報データの取得・加工

本章では、位置情報データの取得方法と加工方法を学びます。位置情報データの表示・加工には、オープンソースのGISソフトウェア「QGIS」を用います。

3-1 QGISとは

●図3-1　QGIS公式サイト（https://qgis.org/）

QGISは、オープンソースのGISソフトウェアで、誰でも自由に無料で使えます。オープンソースソフトウェアでありながら、マルチプラットフォーム対応・多言語対応と、有償のソフトウェアと同等以上の機能と操作性を備え、近年大きくシェアを伸ばしています。

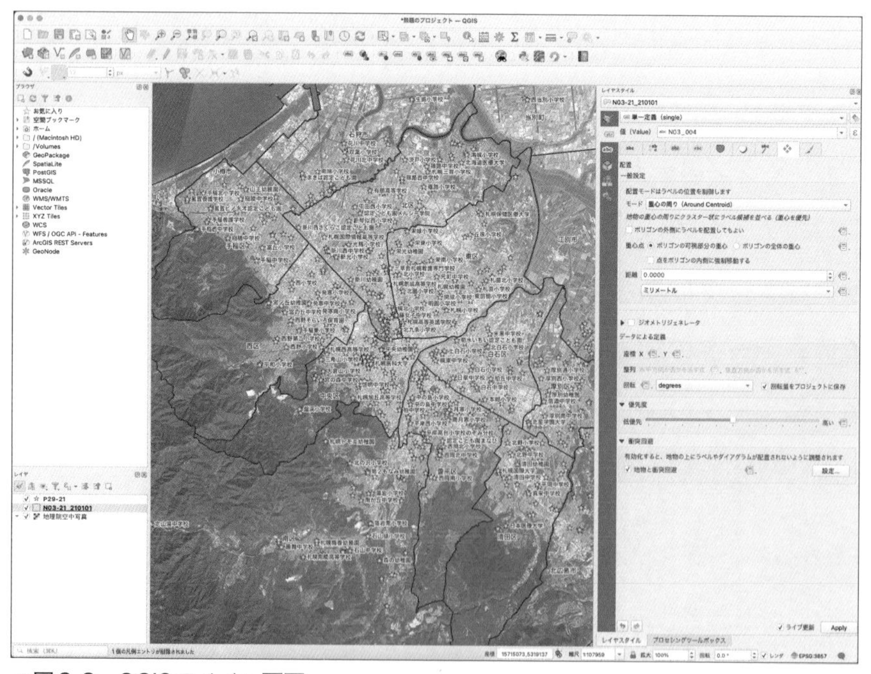

●図3-2　QGISのメイン画面

3-2 QGISのダウンロードとインストール

1. QGISのインストーラをダウンロードする

●図3-3　QGISのダウンロードページ

QGISのダウンロードページ*1にアクセスし、利用しているマシンのOS向けのインストーラをダウンロードします。本書では、macOS版、バージョンは執筆時点の最新版であるv3.28を利用しています。

＊1　https://qgis.org/ja/site/forusers/download.html

2. インストーラを実行し、QGISをインストールする

OSによってインストーラの動作は多少異なりますが、画面の指示どおりに進めれば問題ないでしょう。

3. QGISを起動する

インストール完了後に作成されるショートカットからQGISを起動できます。

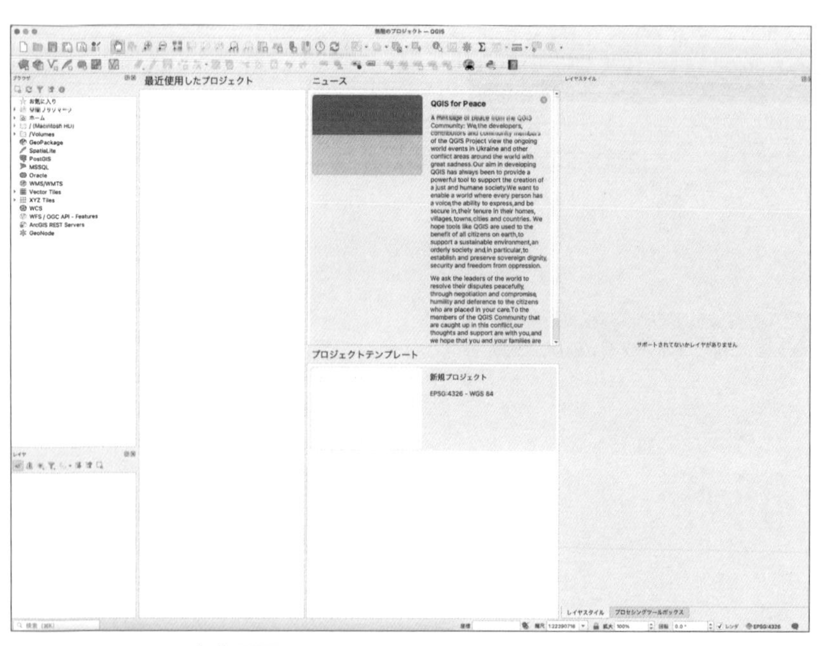

●図3-4　QGISの初期画面

COLUMN　QGISのバージョンについて

QGISが「最新版」としてリリースしているバージョンには、次の2種類があります。

- ▶最新リリース：最も多くの機能が実装されたバージョン。不安定な機能・コードを含むことがある
- ▶長期安定リリース（Long Term Release, LTR）：比較的安定した機能・コード

QGISはセマンティックバージョニングを採用しており、機能追加はマイナーバージョン、バグフィックスはマイクロバージョンで管理されています。機能追加のアップデートは年に3回ほどありますが、LTRのアップデートは年に一度です。公開されているロードマップを見ると、リリースの周期やスケジュールが確認できます。

● 開発のロードマップ
https://qgis.org/ja/site/getinvolved/development/roadmap.html

第3章　位置情報データの取得・加工

3-3 位置情報データの取得

第1章でも紹介したように、世間にはライセンスを守れば自由に使える位置情報データがたくさんあります。

3-3-1 データのライセンスについて

公開されている位置情報データを利用・加工する際には、必ずライセンスを確認しましょう。OpenStreetMapやGoogle マップなどのAPIサービス利用の場合は利用規約を確認すればよいのですが、出自や利用規約が不明なデータを利用する際には特に注意が必要です。たとえば、そのデータが何らかの別のデータサービスのライセンスに違反していた場合に、その出自不明データを利用・加工したデータサービス自体もライセンス違反となる可能性があるからです。出所が明らかなデータをライセンスを守って利用することを心がけましょう。

3-3-2 自由に使えるデータ

OpenStreetMap

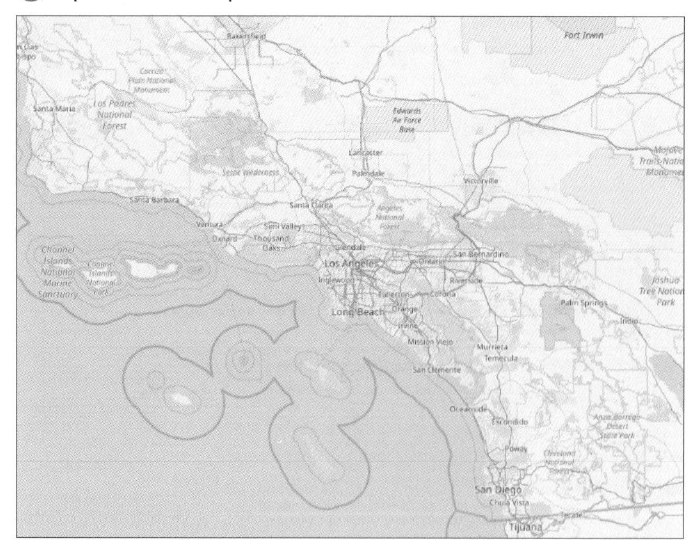

●図3-5 OpenStreetMap

OpenStreetMapは、出典を表記することによって自由に使える地図タイルを配信しています[*2]。地図タイルは一般に、**URLテンプレート**と呼ばれるURL文字列で公開されます。OpenStreetMapのURLテンプレートは、次のとおりです。

●リスト3-1　OpenStreetMapのURLテンプレート

```
https://tile.openstreetmap.org/{z}/{x}/{y}.png
```


地理院タイル

地理院タイルは、国土交通省国土地理院が公開している地図タイルの総称です。国土地理院デザインの地図や年代別の写真、標高図など、数多くのタイル[*3]を配信しています。よく使われるタイルとURLテンプレートをいくつか紹介します。

●リスト3-2　地理院タイルのURLテンプレート（標準地図）

```
https://cyberjapandata.gsi.go.jp/xyz/std/{z}/{x}/{y}.png
```

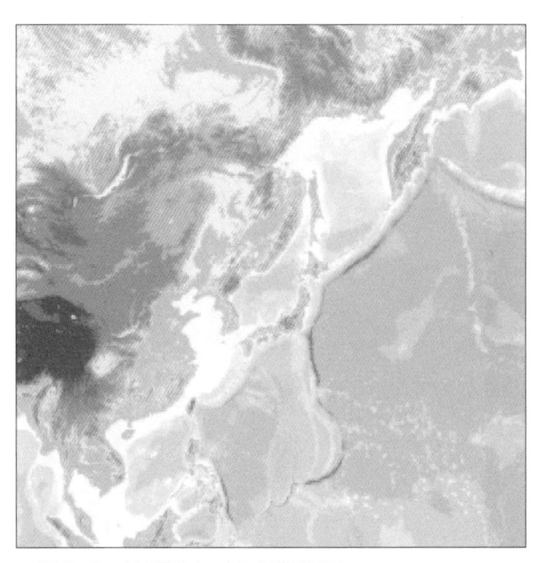

●図3-6　地理院タイル標準地図

＊2　Open Data Commons Open Database License：https://www.openstreetmap.org/copyright
＊3　https://maps.gsi.go.jp/development/ichiran.html

●リスト3-3　地理院タイルのURLテンプレート（淡色地図）

```
https://cyberjapandata.gsi.go.jp/xyz/pale/{z}/{x}/{y}.png
```

●図3-7　地理院タイル淡色地図

●リスト3-4　地理院タイルのURLテンプレート（空中写真）

```
https://cyberjapandata.gsi.go.jp/xyz/seamlessphoto/{z}/{x}/{y}.jpg
```

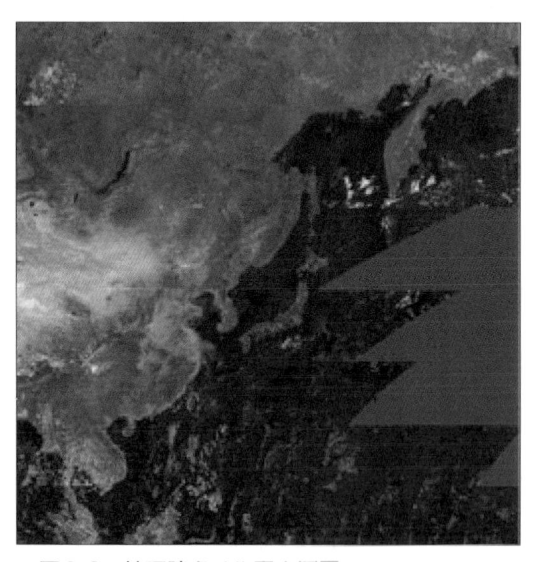

●図3-8　地理院タイル空中写真

●リスト3-5　地理院タイルのURLテンプレート（色別標高図）

```
https://cyberjapandata.gsi.go.jp/xyz/relief/{z}/{x}/{y}.png
```

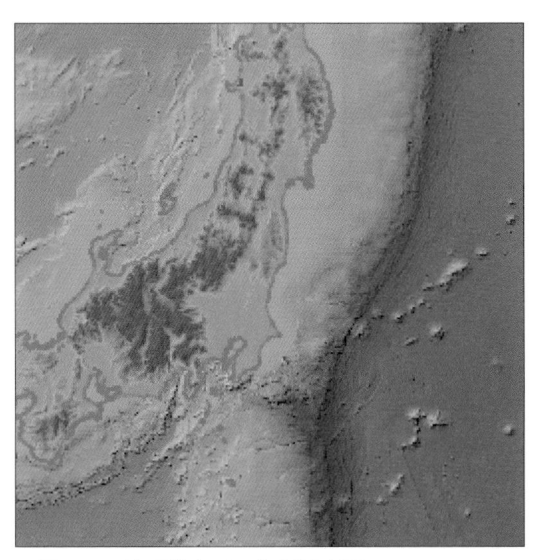

●図3-9　地理院タイル色別標高図

国土数値情報

●図3-10　国土数値情報ダウンロードサービス

国土数値情報は、国土交通省が公開している位置情報データで、ウェブサイトからさまざまな位置情報データを自由にダウンロードできます[*4]。行政区域データや地価公示データといった利用価値の高いデータを取得できますが、一部のデータは商用利用不可になっているなど、データによって使用条件が異なることには注意が必要です。

基盤地図情報

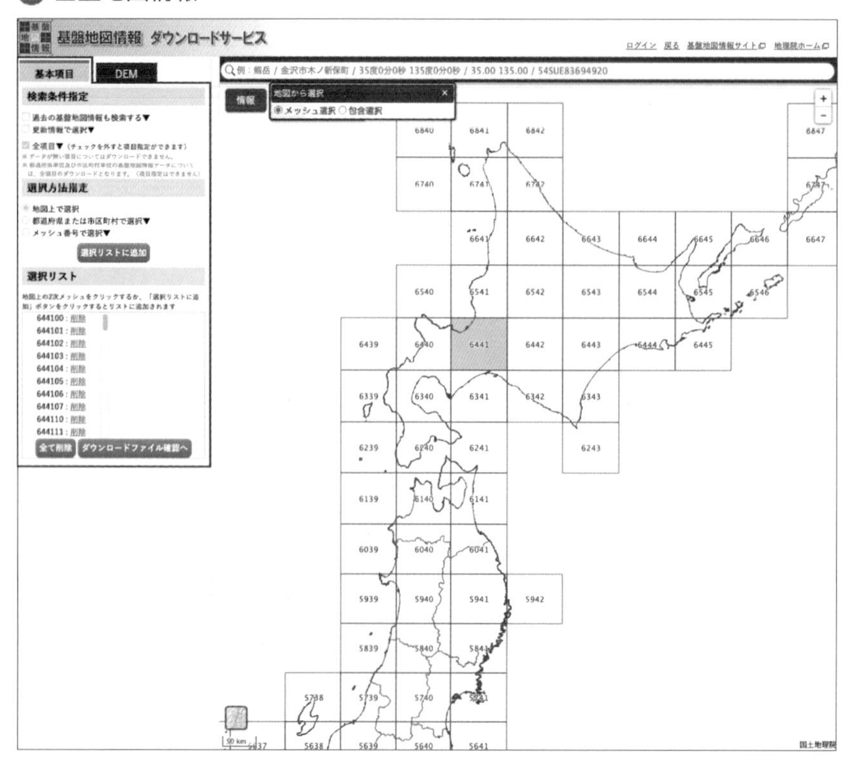

●図3-11　基盤地図情報ダウンロードサービス

基盤地図情報[*5]は、国土交通省国土地理院が公開している、日本全国の道路、行政区、基準点、海岸線、標高データなど、地図作製の基盤となるデータです。基盤地図情報ダウンロードサービス[*6]から、自由にダウンロードできます（要会員登録）。ただし、用途によっては測量法に基づく利用申請が必要となる場合があります[*7]。

＊4　https://nlftp.mlit.go.jp/ksj/

＊5　https://www.gsi.go.jp/kiban/

＊6　https://fgd.gsi.go.jp/download/

＊7　国土地理院ウェブサイトにて申請の要否および申請方法を確認できる：https://www.gsi.go.jp/LAW/2930-index.html

GEOFABRIK

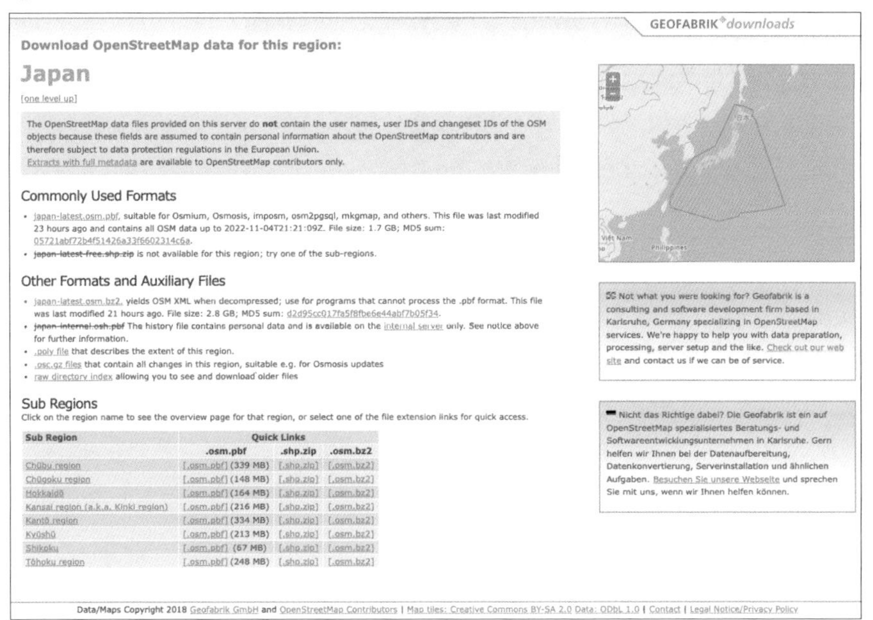

●図3-12　GEOFABRIK

GEOFABRIK＊8は、日々更新されるOpenStreetMapを地域単位にパッケージングして利用しやすい形で配信しているサービスです。OSMの生データは全世界分が一まとめになった数十GBのProtocolBuffer形式のファイルであり、決して使い勝手がよいとはいえません＊9。

このサイトからは、アジア、日本といった地域単位に分割された状態でOSMデータをダウンロードできるため、非常に有用です。また、一定以上の細かい単位（日本ならhokkaido、tohokuなど）であれば、シェープファイル形式で公開されているため、一層便利です。

＊8　http://www.geofabrik.de/
＊9　https://planet.openstreetmap.org/

Natural Earth

●図3-13　Natural Earth

Natural Earth[*10]では、地球上の大陸や河川などの自然地形や国境線や行政界などの文化地形のデータをパブリックドメインで公開しています。

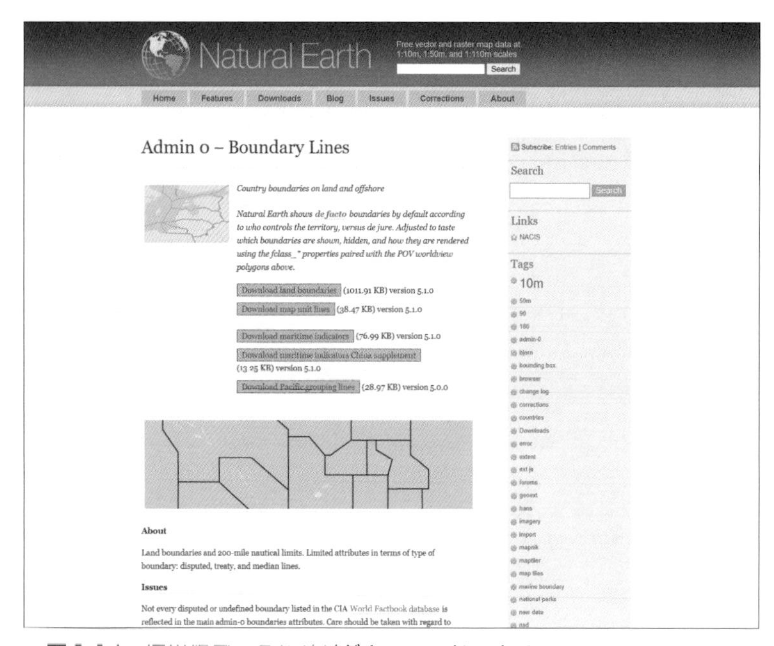

●図3-14　境界線データなどがダウンロードできる

＊10　https://www.naturalearthdata.com/

3-4 位置情報データの表示

取得した位置情報データを、QGIS上で表示確認してみましょう。

3-4-1 地図タイルを表示

まずは地図タイルを表示してみます。QGISは、インストール時点でOSMの地図タイルを表示できるようになっています。QGISの画面左側にある「ブラウザ」の「XYZ Tiles」をダブルクリックして開きます。

●図3-15　「ブラウザ」にある「XYZ Tiles」を開く

「XYZ Tiles」の子要素として「OpenStreetMap」が表示されるので、右クリックしてコンテキストメニューを開きます。

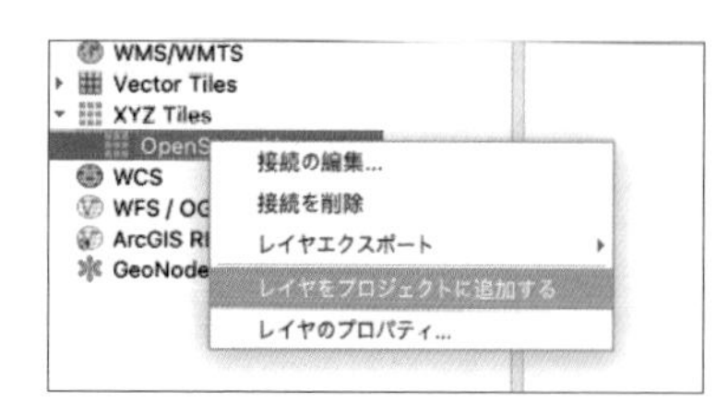

●図3-16　OpenStreetMapを右クリックして、コンテキストメニューを開く

コンテキストメニューから「レイヤをプロジェクトに追加する」を選択すると、OSMの地図タイルが表示されます。

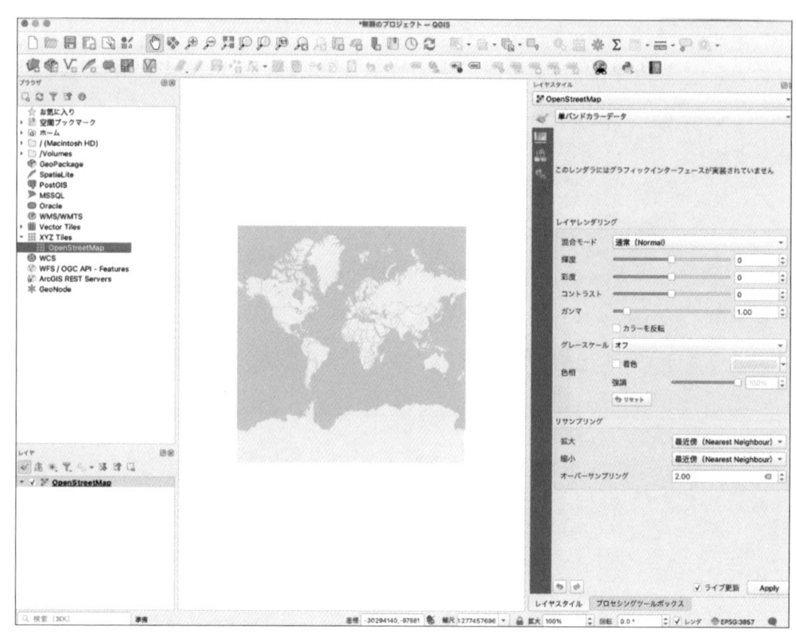

●図3-17　地図タイルが表示される

地図タイルを追加する

QGISでは、OSM以外の地図タイルも登録すれば表示できます。「XYZ Tiles」を右クリックして「新規接続」をクリックします。

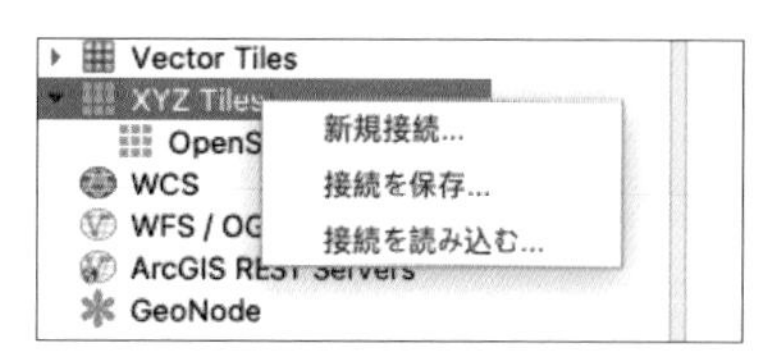

●図3-18　「XYZ Tiles」を右クリックする

「XYZ接続」のダイアログが開くので、図3-19のように、「名前」と「URL」を入力して［OK］ボタンを押します。「名前」はわかりやすい任意の文字列を、「URL」はURLテンプレートを入力します。

XYZ接続
名前 地理院タイル標準地図
接続の詳細
URL https://cyberjapandata.gsi.go.jp/xyz/std/{z}/{x}/{y}.png
認証
設定 ベーシック
認証設定を選択または作成する
認証なし
設定では、暗号化された資格情報がQGIS認証データベースに格納されます。
最小ズームレベル 0
最大ズームレベル 18
リファラー
タイル解像度 標準（256x256/96dpi）
Help Cancel OK

●図3-19　「XYZ接続」のダイアログ

「XYZ Tiles」にデータが追加されます。

●図3-20　「XYZ Tiles」にデータが追加される

追加されたデータに対してOSMの地図タイルのときと同様の操作をすることで、地図タイルを表示できます。

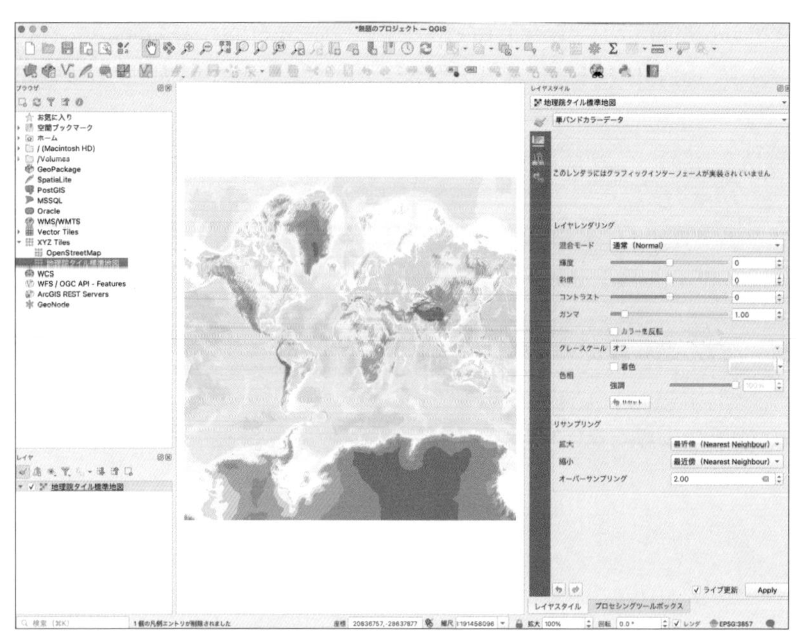

●図3-21　追加した地図タイルが表示される

3-4-2 ファイルを開く

ラスターデータとベクトルデータを入手して、QGIS上で表示してみましょう。

ラスターデータ

ラスターデータは、Natural Earthからダウンロードしてみましょう。Natural Earthのウェブサイト（https://www.naturalearthdata.com/）のトップページ上部のタブから[Downloads]に移動します。

最も詳細で、国や地域のズームインマップを作成するのに適した「Large scale data」、国や地域のズームアウトマップを作成するのに適した「Medium scale data」、世界の概略図に適した「Small scale data」という3つの縮尺のデータが用意されています。

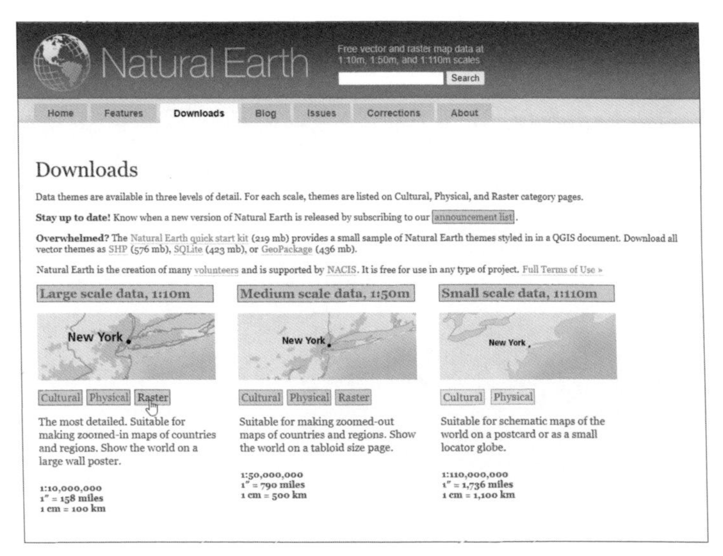

●図3-22　縮尺とカテゴリーを選択（https://www.naturalearthdata.com/downloads/）

ここでは、「Large scale data, 1:10m」を選び、ラスターデータが必要なので［Raster］ボタンを押します。いくつかのカテゴリーが並んでいるので、一番下の「Manual Shaded Relief of Contiguous US」を選択します。

●図3-23　ファイルのダウンロード（https://www.naturalearthdata.com/downloads/10m-raster-data/）

［Download medium size］ボタンを押すとダウンロードが始まり、ラスタデータがZipファイルとして入手できます。展開して得られるのはGeoTIFF形式のファイルなので、`.tif`という拡張子になっています。このファイルをQGISにドラッグ&ドロップすれば、データが表示されます。

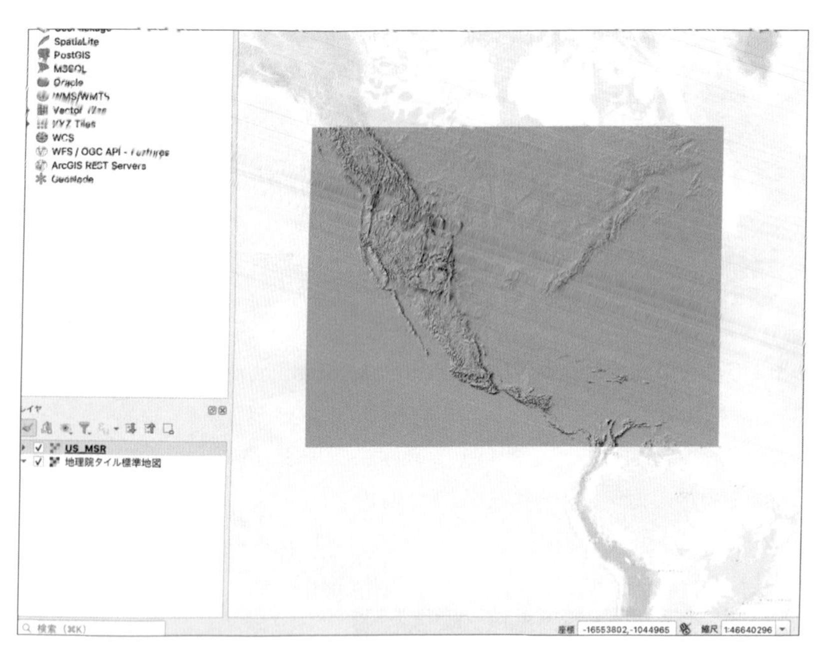

●図3-24　ダウンロードしたデータを開いたところ

アメリカの地形陰影図が表示されます。

この上に、ベクトルデータを重ねてみましょう。

ベクトルデータ

ベクトルデータは、GEOFABRIKよりコロラド州のシェープファイルをダウンロードしてみましょう。

GEOFABRIKのウェブサイトのトップページ（https://www.geofabrik.de/）から、［Geofabrik Download］→［North America］→［United States of America］と進みます。

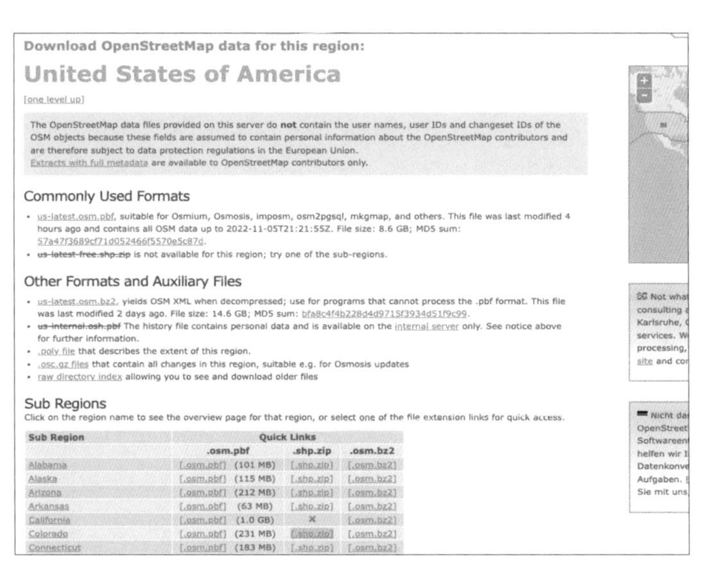

●図3-25 コロラド州のデータをダウンロード(http://download.geofabrik.de/north-america/us.html)

「Colorado」の「.shp.zip」のリンクからシェープファイルをダウンロードします。展開すると多数のファイルが得られますが、ここでは「POI(点)」データを表示してみましょう。POIデータは、`gis_osm_pois_free_1`という名前です。シェープファイルの場合は、主役である`gis_osm_pois_free_1.shp`ファイルをQGISにドラッグ&ドロップすれば、先ほどの地形陰影図地図上にデータが表示されます。

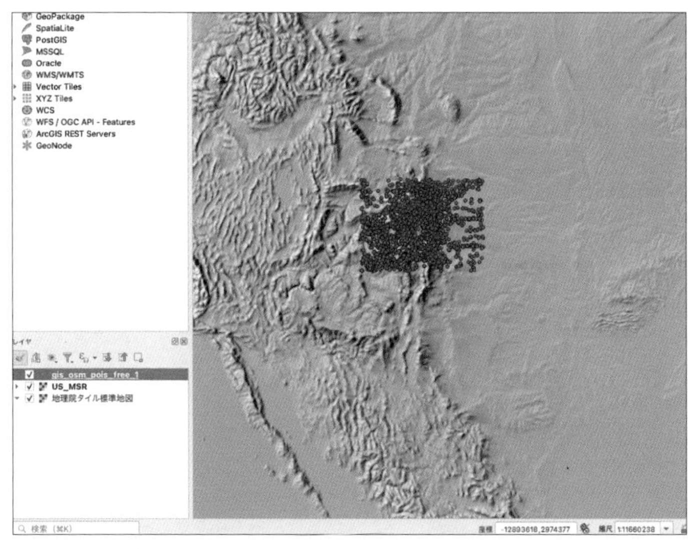

●図3-26 地形陰影図地図上に点データを重ねて表示

ここで、地図タイル・Netural Earthのラスターデータ・GEOFABRIKのベクトルデータが、それぞれ正しい位置関係で重なって表示されていることがわかります。「複数の位置情報を重ねること」は**GISの基本概念**です。GEOFABRIKの他の領域のデータや国土数値情報のデータなど、他にもさまざまなデータを重ねてみましょう。

3-4-3 属性の表示

ベクトルデータは、位置だけではなく、関連する情報(コロラドの位置情報でいうと、チェーン店名称や電話番号、住所など)を**属性**として持っています。ここでは、先ほど表示したコロラドのPOIデータの属性をQGISで確認してみましょう。第2章でも説明したように、「地物(ちぶつ)」とは、1つの位置情報(点・線・面)のことを示しています。

1. 地物情報表示モードに切り替えます。地図上のマウスカーソルの見た目が変わります。

● 図3-27　ツールバーの右のほうにある［地物情報を表示］ボタンを押す

2. 属性を表示したいレイヤを選択状態にします。

● 図3-28　レイヤを選択する

3. 地図上の地物をクリックします。右側のペインに、その地物に格納されている属性が表示されます。

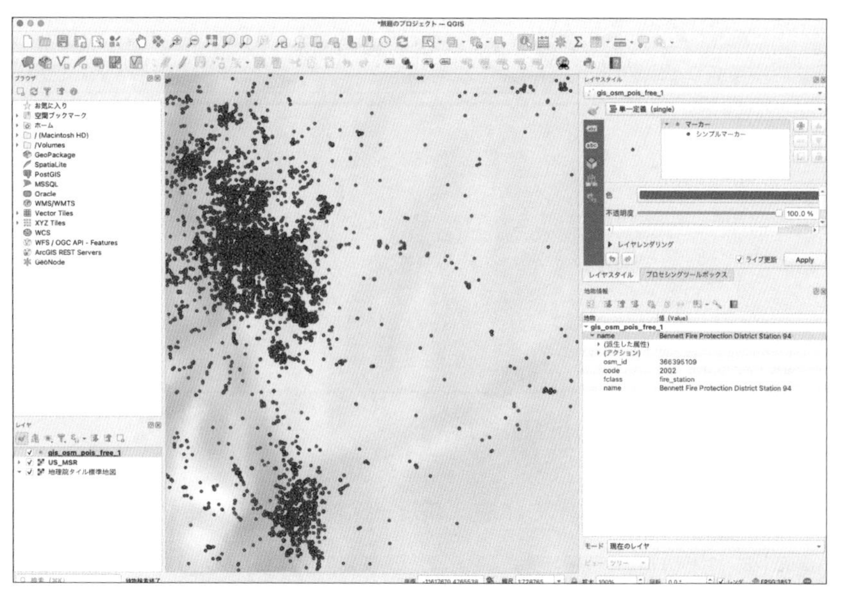

● 図3-29　地物を選択する

3-5 位置情報データの加工：ベクトルデータ編

ここでは、位置情報データの加工方法を学びます。ベクトルとラスターで加工方法が異なるため、別々に説明します。まずはベクトルデータ編です。

3-5-1 データの作成

位置情報データを作成する方法を紹介します。

1. メニューバーから「レイヤ」「レイヤを作成」「新規一時スクラッチレイヤ」を選択します。

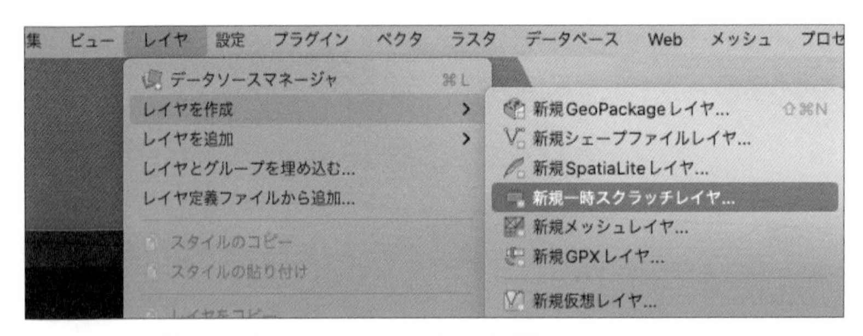

● 図3-30 「新規一時スクラッチレイヤ」を選択

2. ダイアログが開くので、作成するレイヤの「レイヤ名」を入力し、「ジオメトリタイプ」を選択します。

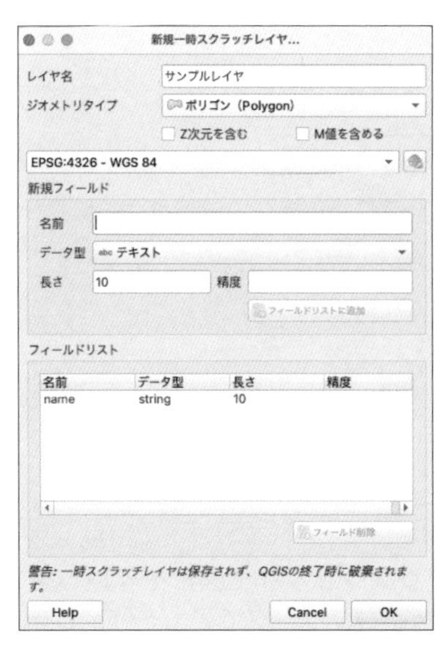

● 図3-31　レイヤ名の入力とジオメトリタイプの選択

▶「ジオメトリタイプ」は、これから作成する位置情報に合わせて、「点（Point）」「ラインストリング」「ポリゴン（Polygon）」のいずれかを選択します。なお、1つのレイヤに複数のジオメトリタイプを混在させることはできません。

▶「フィールドリスト」とは、この位置情報データに持たせたい属性一覧のことです。図3-31の例では`name`という名称で`string`型かつ最大長10文字までのフィールド（＝属性）を定義しています。

3. レイヤが作成されます。作成されたレイヤをクリックして、選択状態にしておきます。

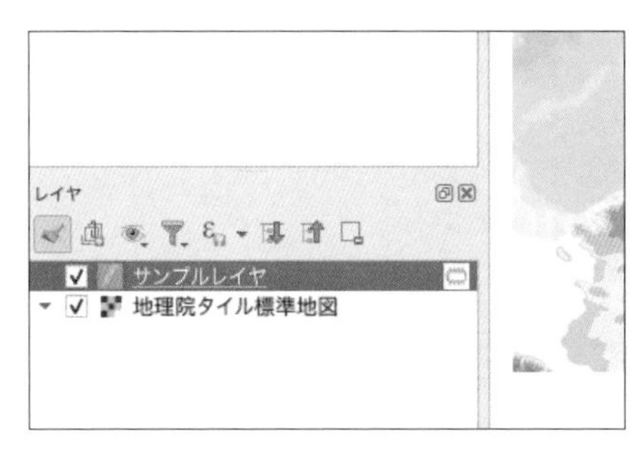

● 図3-32　作成したレイヤを選択

4. ツールバーの［地物を追加］ボタンを押します。レイヤのジオメトリタイプによって、アイコンの見た目が変わります（図3-33はポリゴンの場合の例）。

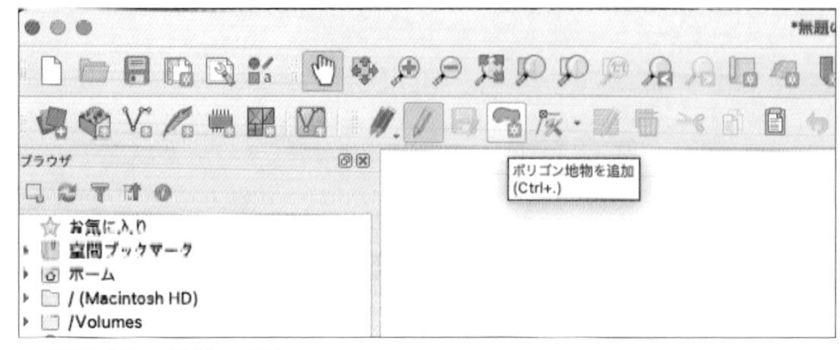

● 図3-33　地物の追加

5. 地図上のマウスカーソルの見た目が変わるので、マウスクリックで図形を作成します。ライン・ポリゴンの場合は複数回のクリックが必要です。右クリックで入力を確定します。

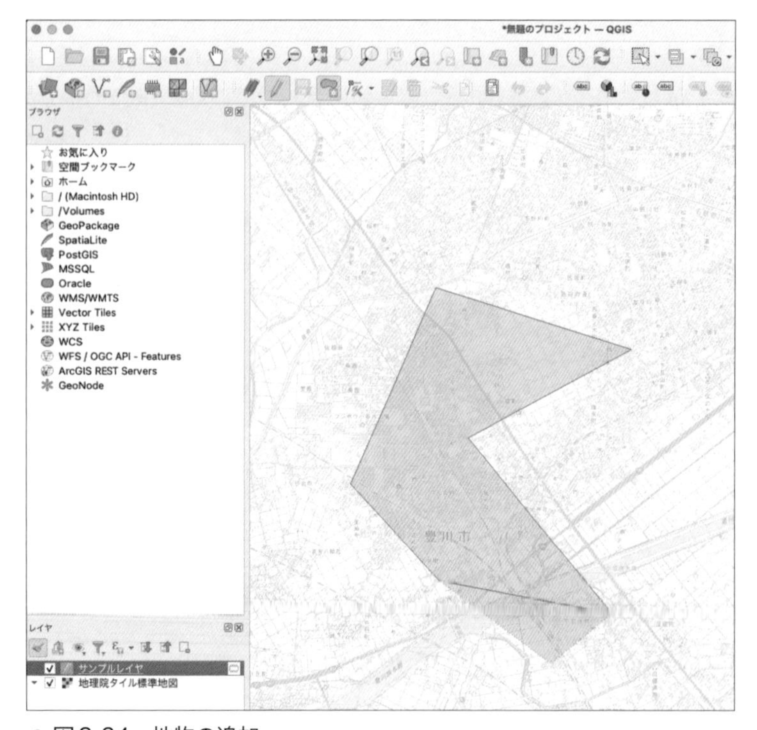

● 図3-34　地物の追加

6. 属性を入力するダイアログが表示されるので、入力して［OK］ボタンを押します。

● 図3-35　属性の入力

7. 地物が作成されます。

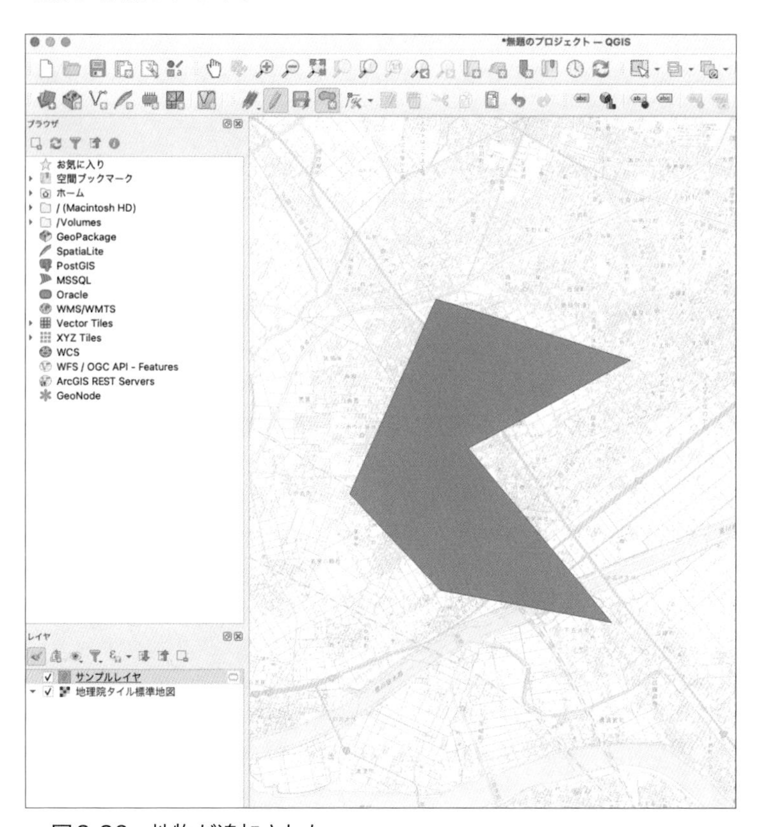

● 図3-36　地物が追加された

これでデータの作成は完了です。複数の位置情報を作成する場合は、この手順の**4.**〜**7.**を繰り返します。

なお、ここで作成した「一時スクラッチレイヤ」は、QGISを終了すると消えてしまう一時的なデータです。後で開いたり、他のアプリケーションで利用するためには、ファイルに保存しておく必要があります。今回はGeoJSON形式で保存してみましょう。

1. 作成したレイヤを右クリックして［エクスポート］→［新規ファイルに地物を保存］を選択します。

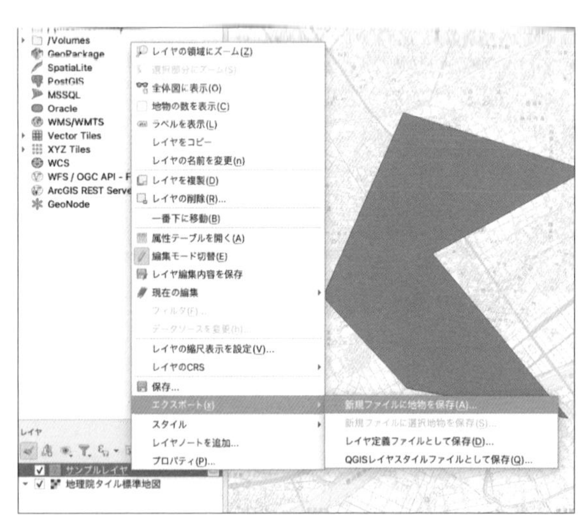

● 図3-37 ［新規ファイルに地物を保存］を選択

2. ダイアログが開くので、「形式」「ファイル名」を選択して［OK］ボタンを押します。

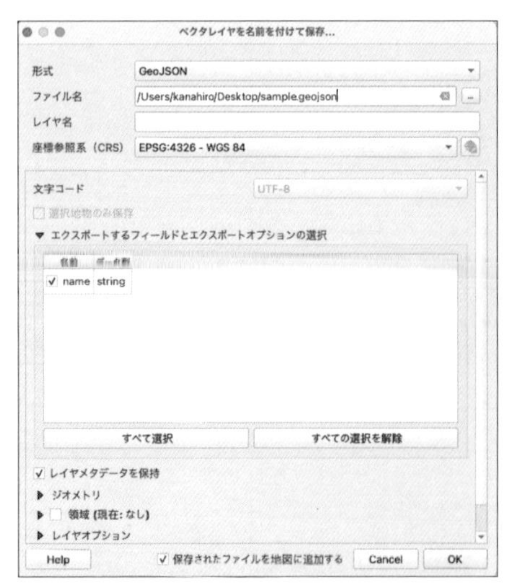

● 図3-38 「形式」「ファイル名」を選択

3. ファイルが保存されます。

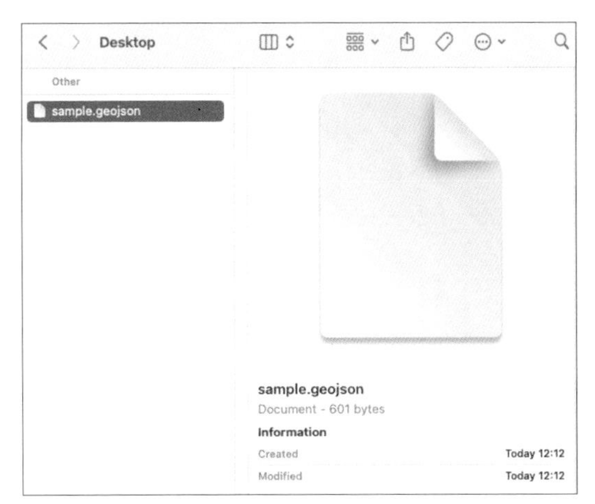

● 図3-39　GeoJSONファイルとして保存される

COLUMN　ジオメトリタイプについて

ここで紹介した手順では、ジオメトリタイプは「点（Point）」「ラインストリング」「ポリゴン（Polygon）」のいずれかを選択すると記載しましたが、他にも選択可能なジオメトリタイプがあります。前述の3種類が使われることが多いのですが、「マルチポイント」「ライン」「ポリゴン」も使われることの多いジオメトリタイプです。「マルチ」はマルチパート（Multi-part）の略で、マルチではない場合はシングルパート（Single-part）といいます。マルチパートとシングルパートの違いは、「1つの地物」に複数の図形を含むか否かで、マルチパートでは1つの地物に複数の図形を含むことができます。

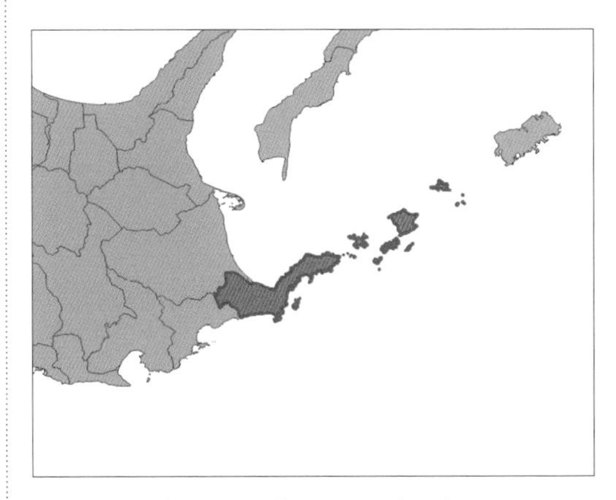

● 国土数値情報 - 行政区域データを加工したもの

前掲の図は行政区域データをマルチパートのポリゴン（＝マルチポリゴン）に変換したデータです。赤（選択状態）になっているのは根室市の領域で、複数のポリゴンを持っていることがわかります。マルチパートでは、これらのポリゴンをまとめて「1つの地物」として扱うことができます。複数の図形に同一の属性を付与すべき場合にマルチパートが役に立ちます。

3-5-2 属性の編集

「**属性（attribute）**」を編集する手順を紹介していきます。QGISでは、属性を表構造（table）として扱いますが、その表の各列のことを「**フィールド（field）**」と呼びます。

フィールドの追加・削除

1. レイヤを右クリックしてコンテキストメニューを表示し、「プロパティ」を開きます。

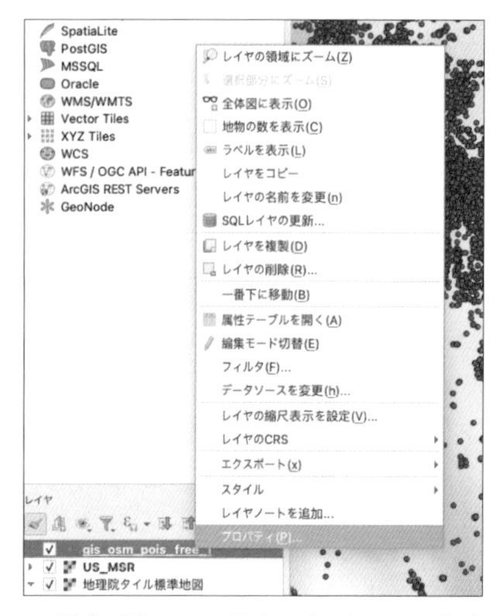

● 図3-40　コンテキストメニューから「プロパティ」を選択

2. 「属性」を開き、編集モードに切り替えます。すると、［フィールド追加］［フィールド削除］ボタンが有効化されます。

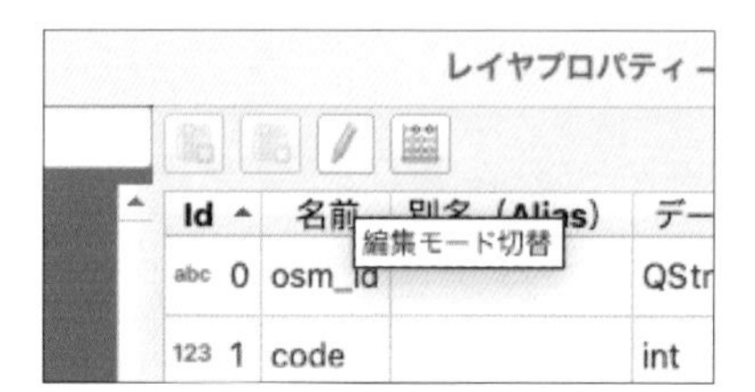

● 図3-41　［フィールド追加］［フィールド削除］ボタンが有効化される（左側が追加、右が削除）

3. 有効になった各ボタンを押すことで、フィールドを追加・削除できます。

● 図3-42　新規フィールド作成（testvalueというフィールドが作成される）

● 図3-43　フィールド削除（選択中のフィールドが削除される）

フィールド名の変更

レイヤを右クリック「プロパティ」「属性」画面で変更できます。

1. 編集モードに切り替わった状態で、フィールド名をダブルクリックすると、フィールド名の編集モードになります。

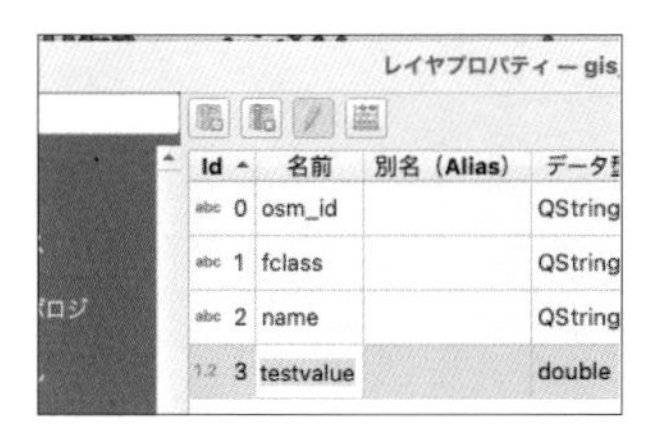

● 図3-44　フィールドをダブルクリックして編集可能にする

2. 任意のフィールド名に変更できます。

● 図3-45　フィールド名が変更された

COLUMN　シェープファイルのフィールド名

第2章でも紹介したように、シェープファイルは最も使われている位置情報ファイル形式ですが、注意すべき仕様がいくつかあります。そのうちの1つが**「フィールド名の文字数の上限」**です。シェープファイルでは、フィールド名が最大で半角英数10文字(全角なら5文字)に制限されています。シェープファイルに保存する際、長過ぎるフィールド名は自動的にカットされてしまうので、注意が必要です。

属性テーブル（Attribute Table）で値の更新

属性は、地物の作成時以外でも編集できます。QGISの「属性テーブル」機能を使います。

1. レイヤを右クリックしてコンテキストメニューを表示し、「属性テーブルを開く」を選択します。

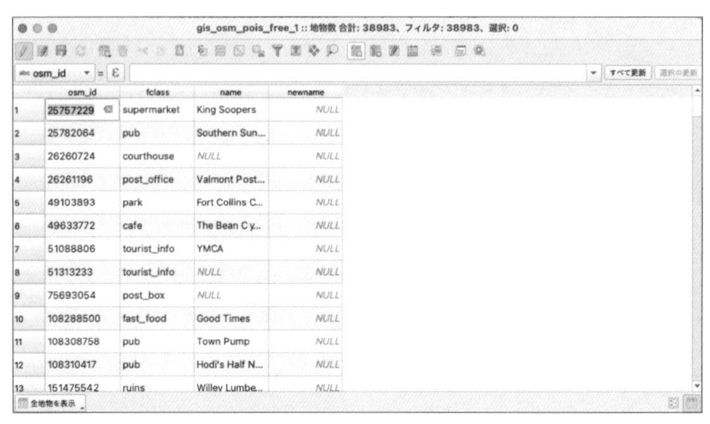

● 図3-46　属性テーブル

2. 編集モードに切り替えた上で、編集したいセルをダブルクリックすると、任意の値を入力できます。

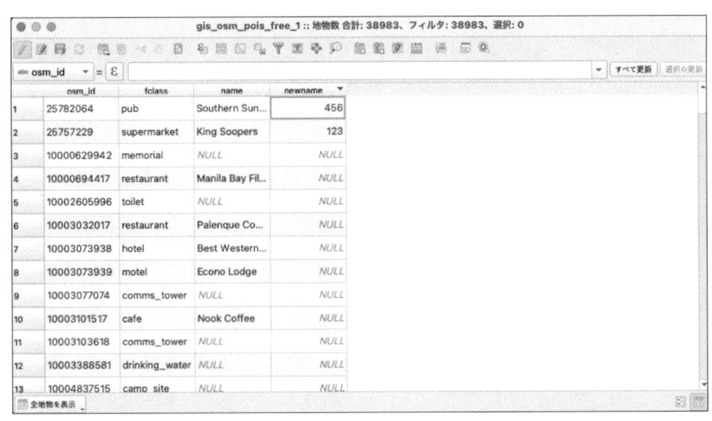

gis_osm_pois_free_1 :: 地物数 合計: 38983、フィルタ: 38983、選択: 0

	osm_id	fclass	name	newname
1	25782064	pub	Southern Sun...	456
2	25757229	supermarket	King Soopers	123
3	10000629942	memorial	NULL	NULL
4	10000694417	restaurant	Manila Bay Fil...	NULL
5	10002605996	toilet	NULL	NULL
6	10003032017	restaurant	Palenque Co...	NULL
7	10003073938	hotel	Best Western...	NULL
8	10003073939	motel	Econo Lodge	NULL
9	10003077074	comms_tower	NULL	NULL
10	10003101517	cafe	Nook Coffee	NULL
11	10003103618	comms_tower	NULL	NULL
12	10003388581	drinking_water	NULL	NULL
13	10004837515	camp_site	NULL	NULL

● 図3-47　先ほど作成したnewname（int型）フィールドに値を入力

フィールド計算機（Field Calculator）で値を一括計算

フィールド計算機を使うと、既存のフィールド群の値を用いて新たなフィールドを作成できます。位置情報データは簡単に数万件規模になり、そうなると手動での更新は困難なので、一括処理できるフィールド計算機は非常に便利な機能です。

1. レイヤを選択状態にします。

2. ツールバーの［フィールド計算機を開く］ボタンを押して、フィールド計算機を開きます。

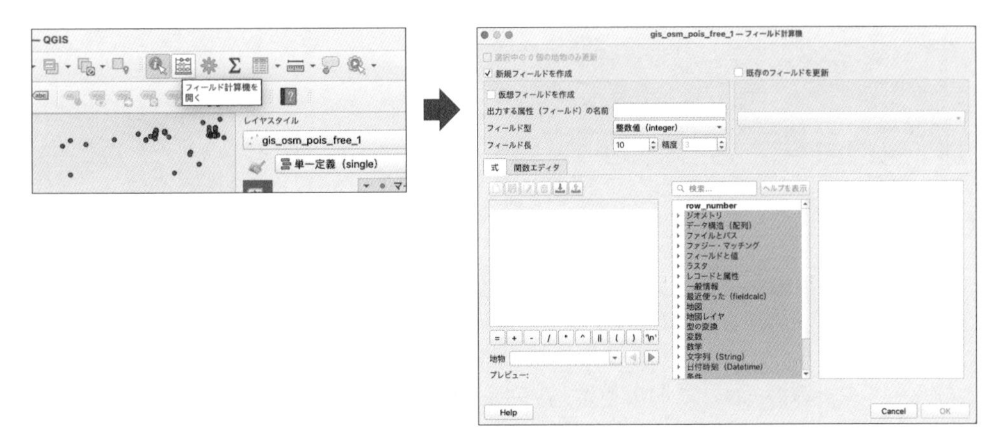

● 図3-48　フィールド計算機を開く

3. 計算式を入力し、[OK] ボタンを押します。

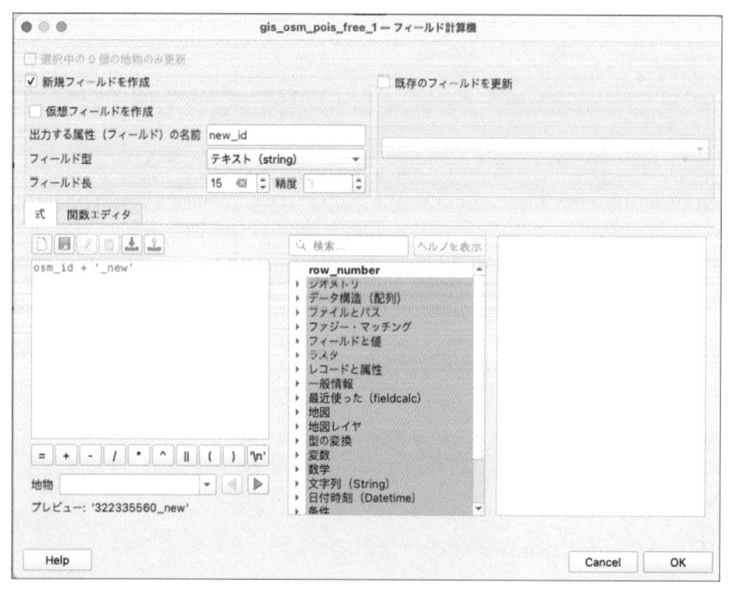

● 図3-49　既存の「osm_id」フィールドに「_new」という接尾辞を付与した「new_id」フィールドを作成する

4.「new_id」フィールドが作成されます。

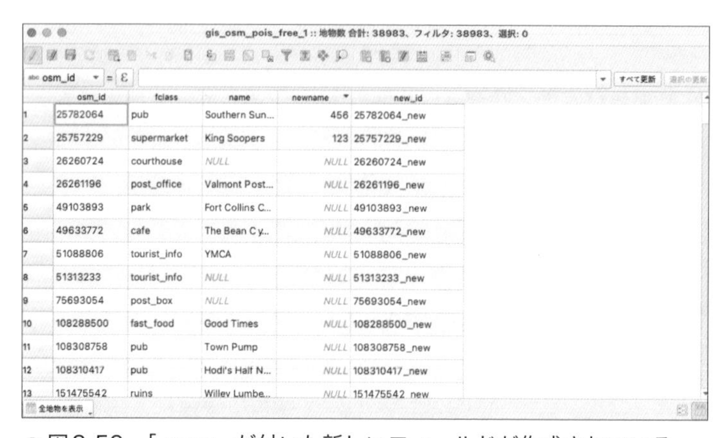

	osm_id	fclass	name	newname	new_id
1	25782064	pub	Southern Sun...	456	25782064_new
2	25757229	supermarket	King Soopers	123	25757229_new
3	26260724	courthouse	NULL	NULL	26260724_new
4	26261196	post_office	Valmont Post...	NULL	26261196_new
5	49103893	park	Fort Collins C...	NULL	49103893_new
6	49633772	cafe	The Bean C y...	NULL	49633772_new
7	51088806	tourist_info	YMCA	NULL	51088806_new
8	51313233	tourist_info	NULL	NULL	51313233_new
9	75693054	post_box	NULL	NULL	75693054_new
10	108288500	fast_food	Good Times	NULL	108288500_new
11	108308758	pub	Town Pump	NULL	108308758_new
12	108310417	pub	Hodi's Half N...	NULL	108310417_new
13	151475542	ruins	Willey Lumbe...	NULL	151475542_new

● 図3-50　「_new」が付いた新しいフィールドが作成されている

フィールド計算機では、このような文字列結合や数値計算のほか、面積計算などの地物の図形情報（ジオメトリ）を用いた演算を行うことも可能です。

3-5-3 形式の変換

位置情報データを別のファイル形式に変換します。ここでは、シェープファイルをGeoJSONにする手順を紹介します。

1. シェープファイルをQGISにドラッグ&ドロップします。地図上に地物が表示されます。

2. レイヤを右クリックしてコンテキストメニューを表示し、[エクスポート] → [新規ファイルに地物を保存] を選択します。

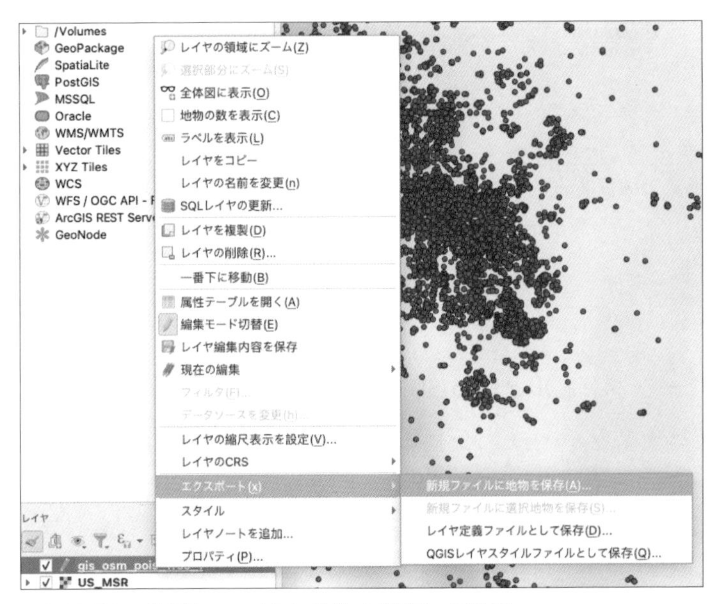

● 図3-51　[新規ファイルに地物を保存] を選択

3. ダイアログが開くので、「形式」を選択し、「ファイル名」を入力して [OK] ボタンを押します。このとき、書き出すフィールドを選択できます。図3-52では「newname」のチェックを外しているので、GeoJSONファイルには書き込まれません。

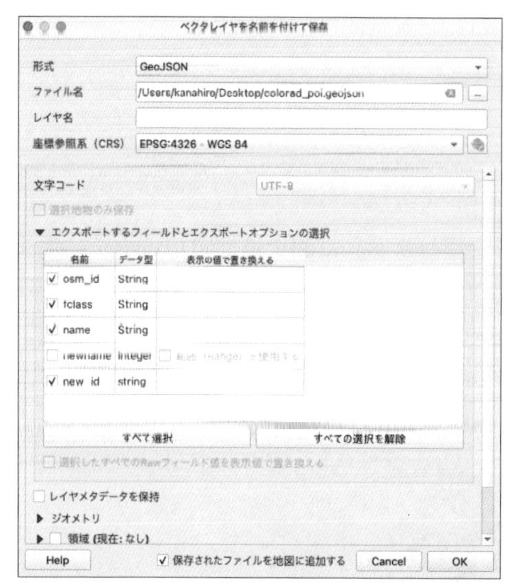

● 図3-52　GeoJSON形式で保存する

4. ファイルが保存されます。

COLUMN　シェープファイルとGeoJSONの比較

GeoJSONは、ウェブで標準的に用いられる位置情報データ形式で、人間の判読性も高く、使いやすい形式です。しかし、第2章でも述べたように、GeoJSONはシェープファイルを始めとしたバイナリ形式に対し、ファイルサイズおよびデコード速度で劣っています。このことを、ここで説明したGEOFABRIKからダウンロードしたコロラド州のデータのうち、`gis_osm_landuse_a_free_1.shp`を用いて確認してみましょう。なお、変換前の総ファイルサイズは**83.3MB**でした。

このファイルを筆者の環境でGeoJSONに変換してみると、ファイルサイズが**126.9MB**になりました。シェープファイルの概ね1.5倍です。このように、テキスト形式であるGeoJSONは、同じ情報量を持つバイナリデータに比べてファイルサイズが大きくなります。また、変換後のGeoJSONをQGISに読み込ませてみましょう。シェープファイルより明らかに読み込みが遅いはずです。これは、GeoJSONのようなテキスト形式はファイルを読み取る（デコードする）コストが大きいためです。

このように、GeoJSONは使いやすいもののパフォーマンスはよくないため、大規模なデータの管理・表示には向いていないのです。

3-5-4 データの結合

複数ファイルに分かれている位置情報データを1つにまとめる手順を紹介します。データが地域別になっている場合などに便利です。

まずは、国土数値情報より、豪雪地帯データをダウンロードします。

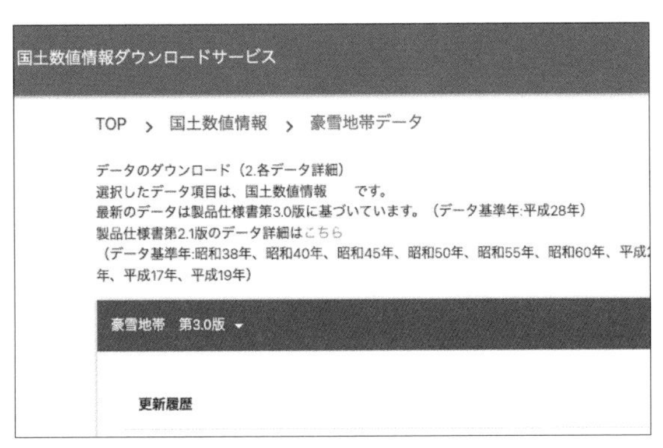

●図3-53　豪雪地帯データをダウンロードする（https://nlftp.mlit.go.jp/ksj/gml/datalist/KsjTmplt-A22-v3_0.html）

都道府県別に分かれているので、いくつかダウンロードします。ここでは北海道・青森県をダウンロードしました。

COLUMN　シェープファイルの文字コード

シェープファイルは文字コードを任意に設定できますが、この仕様は日本語テキストを用いる必要のある場合には文字化けの原因となります。Windowsのデフォルトエンコーディングは「Shift_JIS（CP932）」ですが、macOSやLinuxは「UTF-8」なので、Windowsで作成したデータは、その他のOSでは文字化けするということが起こり得ます。

シェープファイルは`.cpg`ファイルで文字コードを指定できますが、必ずしも`.cpg`ファイルは含まれていないため、読み込み時には注意が必要です。QGISではファイルを読み込むエンコーディングを次のように変更できます。

文字コードにUTF-8がセットされている

上記でダウンロードした「国土数値情報 - 豪雪地帯」データはShift_JISで保存されているため、macOSでは文字コードを変更する必要があります。

ただし、近年の世間の流れとして文字コードがUTF-8に統一されてきているため、文字化けを見ることは少なくなりました。位置情報界隈でも同様のトレンドで、GeoPackageやFlatGeobufなどの新しいファイル形式では文字コードがUTF-8固定となっています。

ダウンロードしたファイルを次の手順で結合します。

1. 結合したいデータをすべてQGISに追加します。

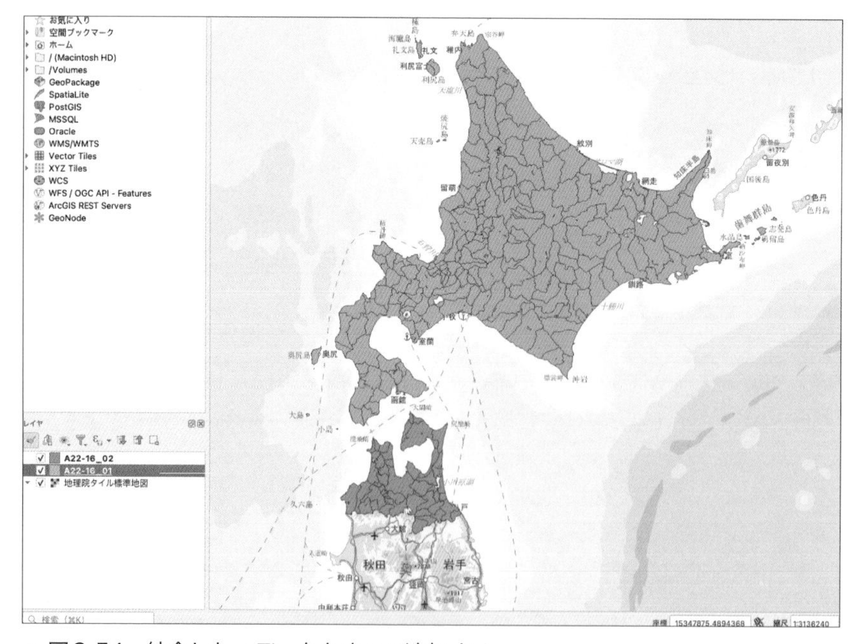

図3-54　結合したいデータをすべて追加する

2. メニューバーから[ベクタ]→[データ管理ツール]→[ベクタレイヤをマージ]を開きます。

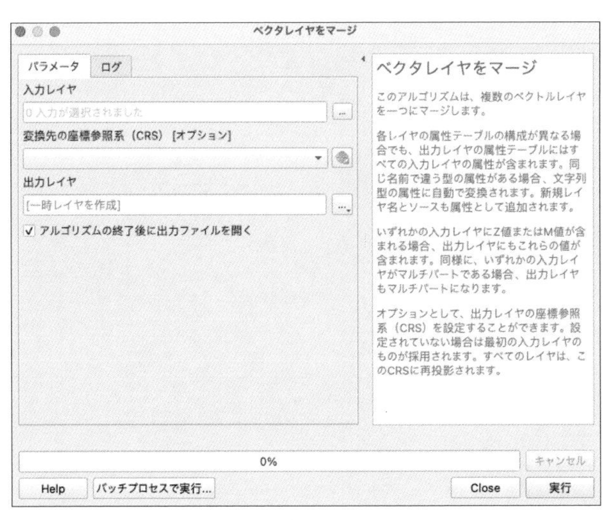

● 図3-55　マージのダイアログ

3.「入力レイヤ」で結合したいデータを選択します。

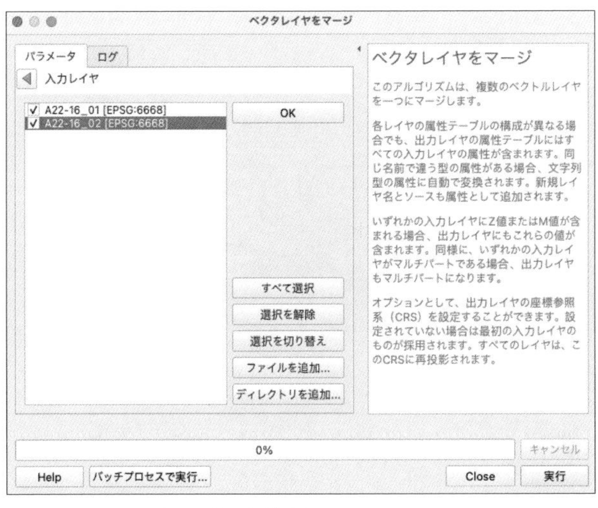

● 図3-56　入力レイヤを選択

4. 出力先・ファイル名・形式を選択して［OK］ボタンを押します。

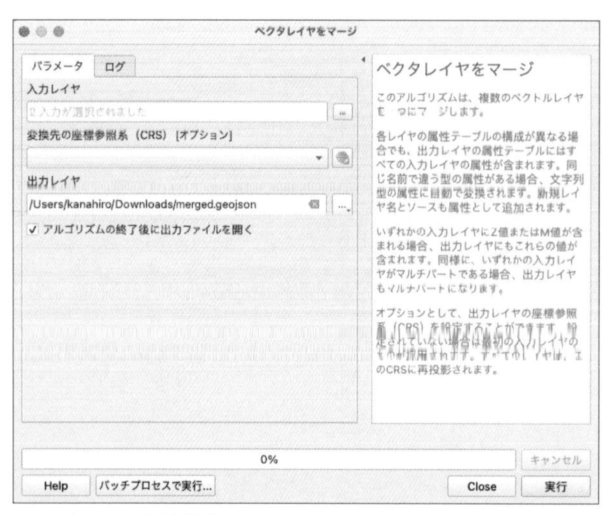

● 図3-57　各情報を入力する

5. ファイルが書き出されます。

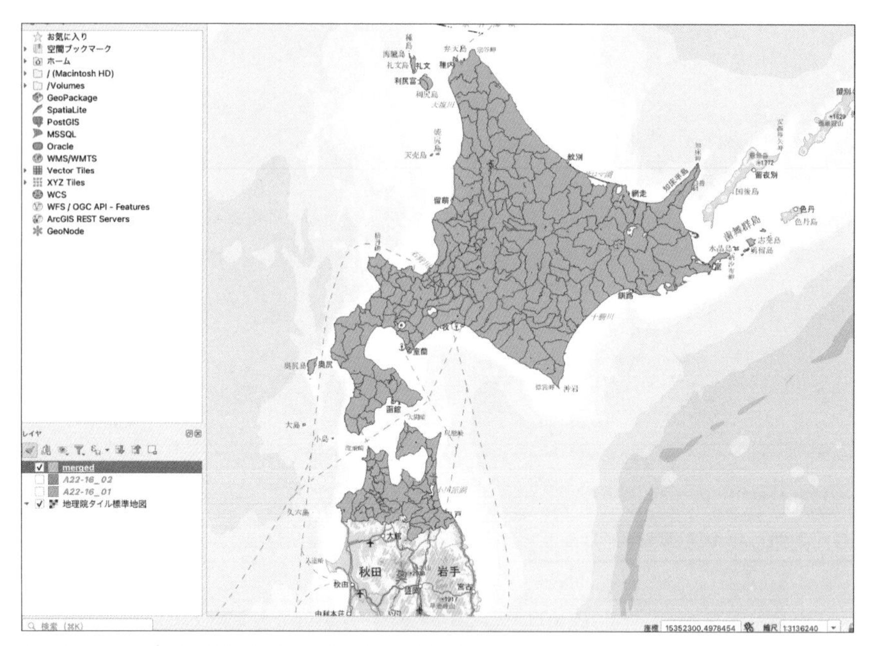

● 図3-58　書き出されたファイルをQGISで表示

同一のジオメトリタイプのレイヤ間のみが結合可能という点には注意が必要です。また、レイヤ間で属性テーブルの構成が違う場合は、いわゆる**外部結合**になります（全レイヤのフィールドが作成され、値が存在しない列にはNULLが入る）。

3-5-5 投影法の変換

シェープファイルの投影法を変換する手順を紹介します。ここでは平面直角座標系のデータを経緯度に変換します。

北海道オープンデータポータル[*11]より、地番図データ（GIS用）【北海道ニセコ町】をダウンロードします。

●図3-59　北海道オープンデータポータルのニセコ町（https://www.harp.lg.jp/opendata/dataset/1750.html）

1. シェープファイルをQGISにドラッグ＆ドロップします。ただし、投影法が不明なため、正しい位置に重なりません（筆者の環境ではブラジル付近に表示されました）。

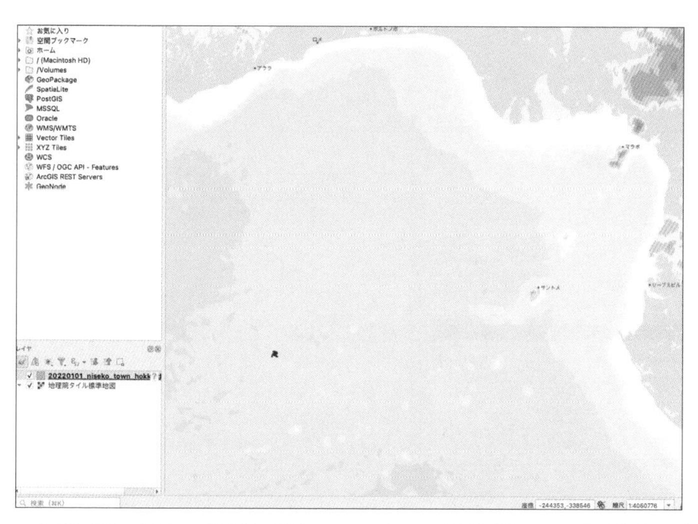

●図3-60　正しい位置に重なっていない（北海道ニセコ町がブラジル付近に表示されている）

＊11　https://www.harp.lg.jp/opendata/

2. レイヤを右クリックしてコンテキストメニューを表示し、［レイヤのCRS］→［レイヤのCRSを設定］を選択します。

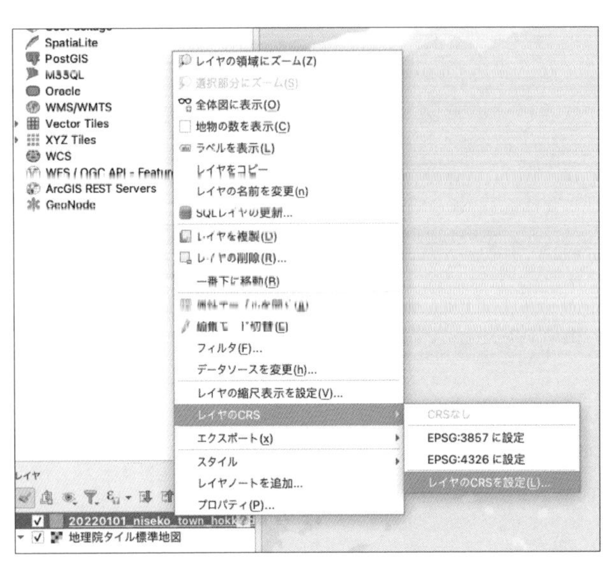

● 図3-61 ［レイヤのCRSを設定］を開く

3. ダウンロードページに「shape Fileの座標系は、世界測地 EPSG:2453 JGD2000 / Japan Plane Rectangular CS XI　です。」と記載されているので、「EPSG:2453」をセットします（フィルタに「2453」と入力すると選択肢が絞られます）。

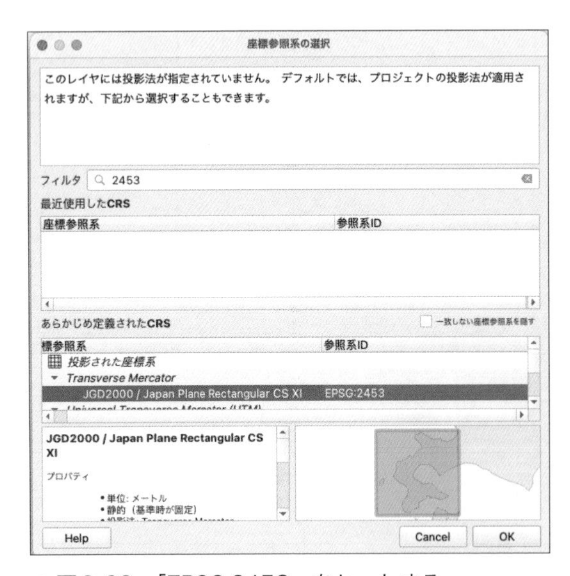

● 図3-62 「EPSG:2453」をセットする

4. 正しい位置に地番図が重なります。

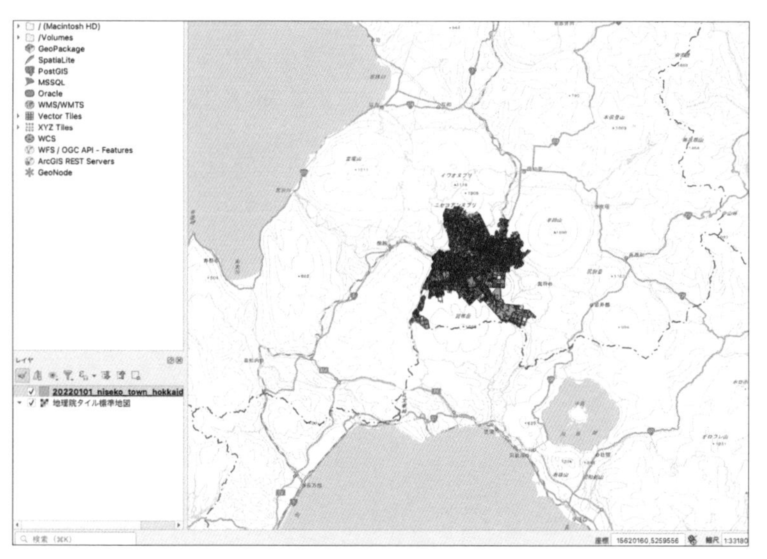

● 図3-63　正しくデータが表示されている

5. レイヤを右クリックしてコンテキストメニューを表示し、[エクスポート] → [新規ファイルに地物を保存] を選択します。

6. ダイアログが開くので、「形式」を選択し、「ファイル名」を入力して [OK] ボタンを押します。また、座標参照系（CRS）は「EPSG:4326（経緯度）」を選択します。

● 図3-64　ファイル保存のダイアログ

7. ファイルが保存されます。改めてQGISで開いてみると、正しい位置に表示されます。

見た目上は変化が見られないため、何が起きているのかわかりにくいかもしれません。たとえば、「EPSG:2453」と「EPSG:4326」で2種類の投影法でGeoJSONファイルを作成し、テキストエディタでそれぞれのGeoJSONファイルを開いて座標を比べると、座標値が異なることが確認できます。

3-5-6 ベクトルタイル化

ベクトルデータをベクトルタイルに変換する手順を紹介します。他の処理と異なり、ベクトルタイルの生成にはQGIS以外のツールが必要となります。

tippecanoe（ティピカノー）

ベクトルタイルの生成には「tippecanoe」＊12というオープンソースのコマンドラインツールを用います。このツールは、macOS／Linuxで動作します。本書では、macOSとUbuntu 20.04 LTSでのインストール手順を紹介します。

tippecanoeのインストール：macOS

パッケージマネージャーの「Homebrew」がインストールされていることを前提として、次のコマンドでインストールできます。

●コマンド3-1　macOSでのtippecanoeの導入

```
$ brew install tippecanoe
```

tippecanoeのインストール：Ubuntu 20.04 LTS

Ubuntuでは、aptコマンドでライブラリを最新にした上で、GitHubからtippecanoeのソースコードを取得して、make installを行って導入します。

●コマンド3-2　Ubuntuでのtippecanoeの導入

```
$ sudo apt update
$ apt -y upgrade

$ sudo apt install -y libsqlite3-dev zlib1g-dev
$ sudo git clone https://github.com/felt/tippecanoe
```

＊12　https://github.com/felt/tippecanoe

```
$ cd tippecanoe
$ make
$ make install
```


COLUMN　Windowsでtippecanoeを使う

Windows 10/11では、Windows上でLinuxが動作するWSL（Windows Subsystem for Linux）を導入することができ、WSL2のデフォルトではUbuntu 20.04 LTSがインストールされています。

したがって、WSL2上のUbuntuでコマンド3-2を実行すれば、Windowsでもtippecanoeを使うことができます。ただし、コマンド3-2以外でも、いくつかのパッケージを追加導入する必要がある場合があります。

WSLの導入方法、aptコマンドの使い方、Windowsとのファイル共有などは本書の範囲を超えるため解説しませんが、それほど難しくはないので、ぜひチャレンジしてみてください。

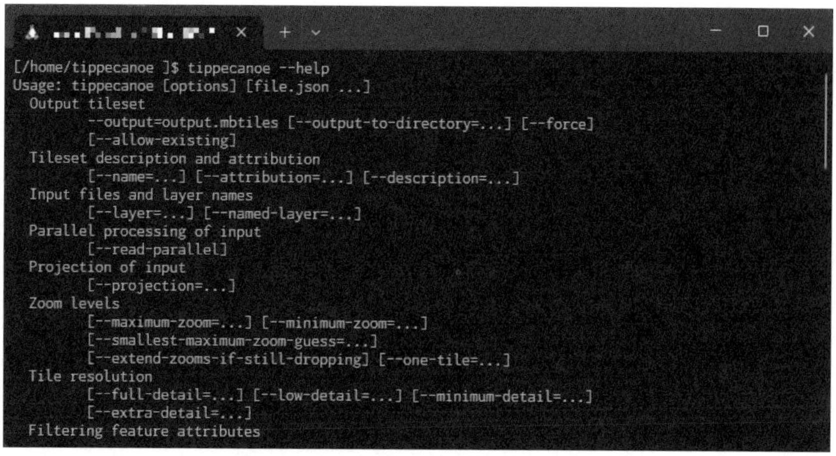

```
[/home/tippecanoe ]$ tippecanoe --help
Usage: tippecanoe [options] [file.json ...]
  Output tileset
        --output=output.mbtiles [--output-to-directory=...] [--force]
        [--allow-existing]
  Tileset description and attribution
        [--name=...] [--attribution=...] [--description=...]
  Input files and layer names
        [--layer=...] [--named-layer=...]
  Parallel processing of input
        [--read-parallel]
  Projection of input
        [--projection=...]
  Zoom levels
        [--maximum-zoom=...] [--minimum-zoom=...]
        [--smallest-maximum-zoom-guess=...]
        [--extend-zooms-if-still-dropping] [--one-tile=...]
  Tile resolution
        [--full-detail=...] [--low-detail=...] [--minimum-detail=...]
        [--extra-detail=...]
  Filtering feature attributes
```

● WSL2のUbuntuで動作しているtippecanoe

インストール後、コマンド3-3を実行して、同様の出力が得られれば、正常にインストールされています。

● コマンド3-3　tippecanoeのヘルプを実行

```
$ tippecanoe --help
Usage: tippecanoe [options] [file.json ...]
  Output tileset
         --output=output.mbtiles [--output-to-directory=...] [--force]
         [--allow-existing]
```

tippecanoeの使い方

tippecanoeは、「GeoJSONファイルなどを入力として、ベクトルタイルを生成するプログラム」です。tippecanoeには非常に多くのオプションがあり、ここですべてを網羅することはできません。そこで、いくつかのコマンドをレシピとして紹介します。

● コマンド3-4　geojsonをタイル化

```
# sample.geojsonをtilesディレクトリへtiles/{z}/{x}/{y}.pbfとなるようタイル化します
#  -pCはgzip圧縮を"行わない"オプションで、ディレクトリ形式でタイル化する場合に必須のオプションです
$ tippecanoe -e tiles sample.geojson -pC

# 複数のファイルを入力とすることができます
$ tippecanoe -e tiles sample1.geojson sample2.geojson -pC

#   -Zで最小ズームレベル、-zで最大ズームレベルを指定できます：下記の場合はズームレベル4-10の範囲でタイルを生成します
tippecanoe -e tiles sample.geojson -Z4 -z10 -pC

#   -lでベクトルタイル内で用いるレイヤー名を明示的に指定できます：  下記の場合は"good_layer_name""というレイヤー名になります
$ tippecanoe -e tiles sample.geojson -l good_layer_name -z12 -pC

#   -Lで入力ファイルごとに別のレイヤー名を設定できます：下記の場合はsample1.geojsonはlayer1、sample2.geojsonはlayer2というレイヤー名になります
tippecanoe -e tiles -pC -L layer1:sample1.geojson -L layer2:sample2.geojson
```

コマンド3-4のように実行することで、次のようなディレクトリ構造でベクトルタイルが出力されます。

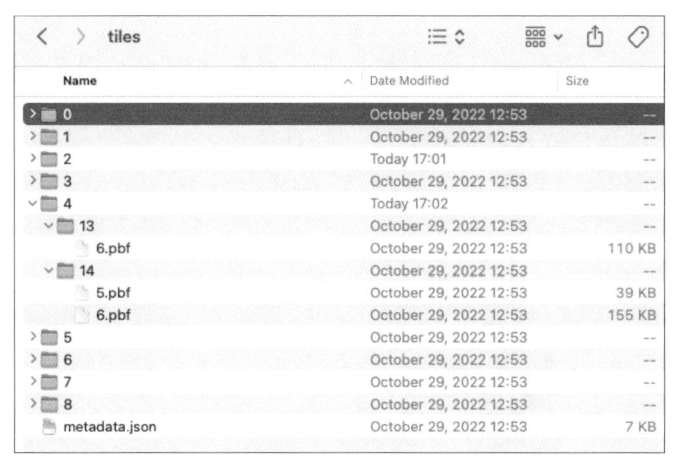

●図3-65　ベクトルタイルの出力

ベクトルタイルの表示方法などは、開発入門編で紹介します。

3-5-7 その他の処理

ベクトルデータを加工する手法は数多くありますが、特に利用機会の多い処理の名称と処理イメージをいくつか紹介します。

バッファ（Buffer）

地物から一定距離外側に膨らませた形状が得られます。

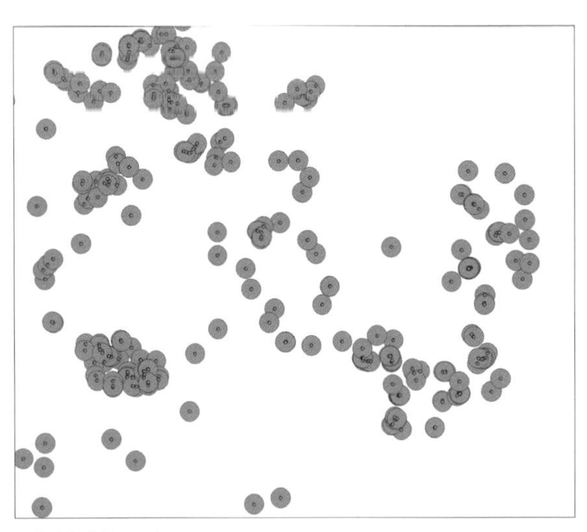

●図3-66　バッファ

ディゾルブ（Dissolve）

多数の地物を融合した形状が得られます。

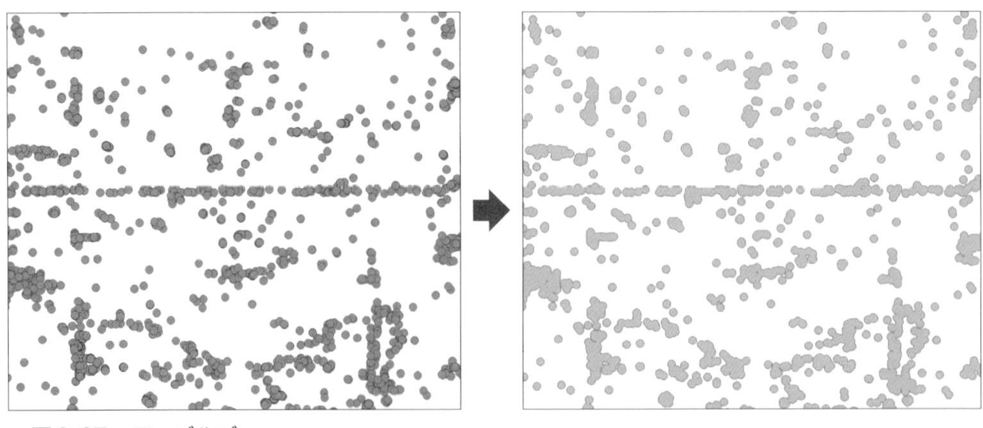

●図3-67　ディゾルブ

重心（Centroid）

地物の重心点が得られます。

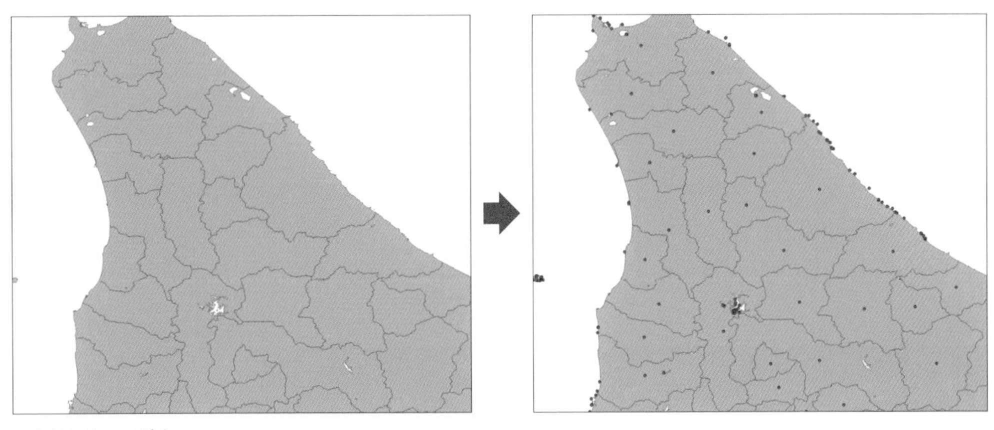

●図3-68　重心

簡素化（Simplify）

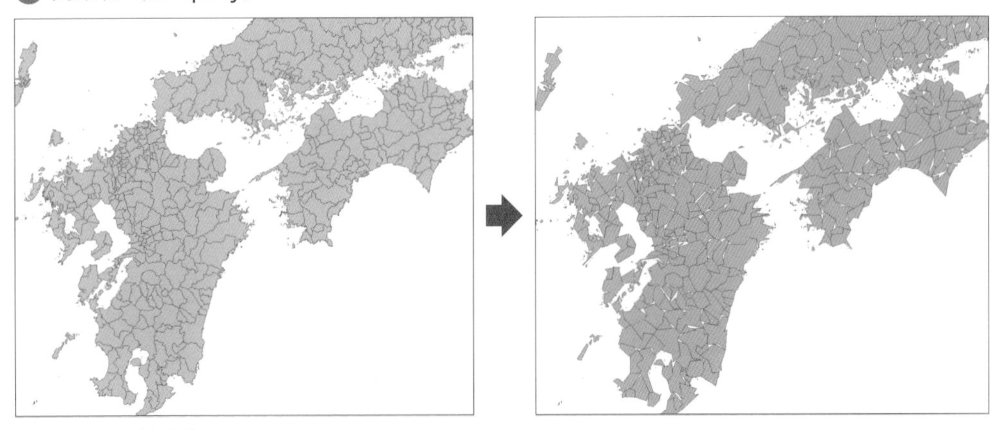

●図3-69　簡素化

3-6 位置情報データの加工：ラスターデータ編

続いてラスターデータの加工方法を学びます。ベクトルの実態は座標ですが、ラスターの実態は画像なので取り扱い方やできることが異なります。ラスターデータ編では、G空間情報センター[*13]の【北海道当麻町】航空レーザーデータ（H28）をサンプルとして用います。

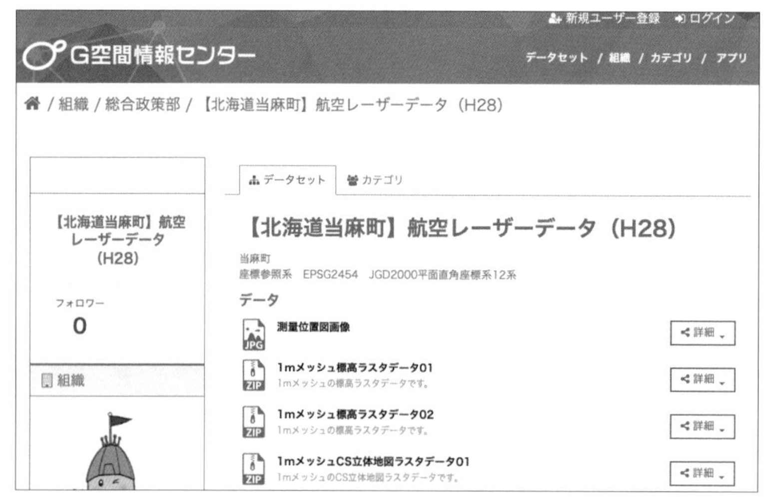

●図3-70 G空間情報センターのダウンロードページ（https://www.geospatial.jp/ckan/dataset/h28toumakoukulaser）

このページの下のほうにある「航空写真01」をダウンロードし、Zipファイルを展開します。中身はJPEGファイルがいくつかと、`.jgw`という拡張子のファイルが同じ数だけ含まれています。JPEGファイルは画像フォーマットで位置情報は持っていないので、位置情報は`.jgw`ファイルに含まれています。こういったファイルは**ワールドファイル**と呼ばれます。画像と同じファイル名・同じディレクトリにあれば、QGISは自動的にワールドファイルを読み込みます。PNGファイルのワールドファイルは`.pgw`、TIFFファイルなら`.tfw`と、ファイルごとに別の拡張子が定められています。

＊13 https://front.geospatial.jp/

ワールドファイルと組み合わせることにより、単なるJPEG形式であってもQGISは正しく位置情報を読み取ることができます。JPEGファイルをQGISにドラッグ&ドロップしてみましょう。なお、このラスターデータのCRSは「EPSG:2454」なので、ベクトルデータ編「投影法の変換」で紹介した手順と同様に、レイヤを右クリックしてCRSを設定しましょう。

●図3-71　CRSを「EPSG:2454」に設定すると、正しく重なる

COLUMN ワールドファイルについて

ワールドファイルは、次のようなフォーマットのテキストファイルです。

```
      0.2000000000 # 画像1ピクセルのX方向の地理的な長さ
      0.0000000000 # 行の回転パラメータ
      0.0000000000 # 列の回転パラメータ
     -0.2000000000 # 画像1ピクセルのY方向の地理的な長さ
  20000.1000000000 # 原点（画像左上）のX座標
 -13500.1000000000 # 原点（画像左上）のY座標
```

先頭4行は画像の拡大・縮小や回転を表し、5、6行目は画像を配置する原点位置を表すパラメータです（すなわち、各行はアフィン変換式のパラメータです）。これらのパラメータにより、どの領域に画像を表示すべきかが定まります。

3-6-1 切り出し（clip）

GeoTIFFから一部分を切り出す手順を紹介します。

1. メニューから［ラスタ］→［抽出］→［範囲を指定して切り抜く］を開きます。

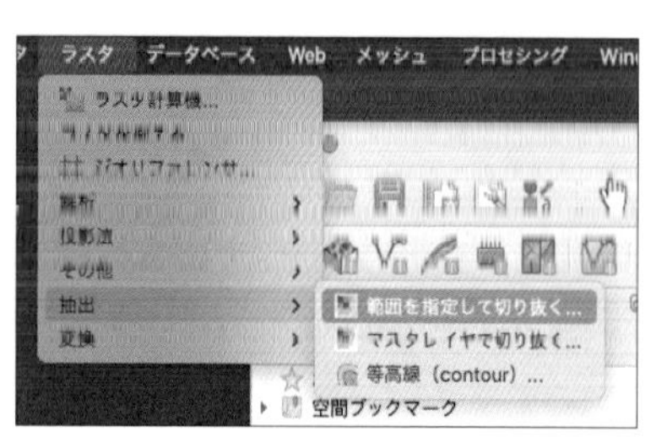

● 図3-72 ［抽出］→［範囲を指定して切り抜く］を開く

2. ダイアログが表示されるので、処理対象のレイヤ・切り抜く範囲・保存先を選択します。切り抜く範囲は、「キャンバスに描画」を選択すると、地図上でドラッグして選択できます。

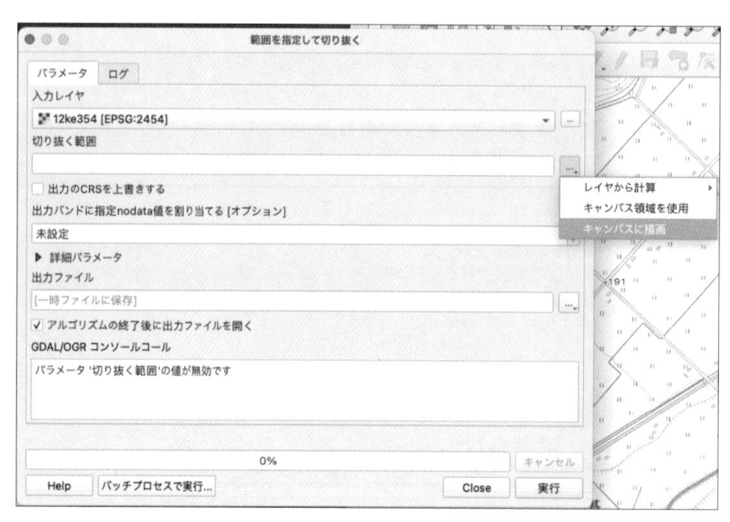

● 図3-73 切り抜く設定

3. 処理を実行するとファイルが書き出されます。QGISで表示すると、選択した範囲で切り抜かれていることがわかります。

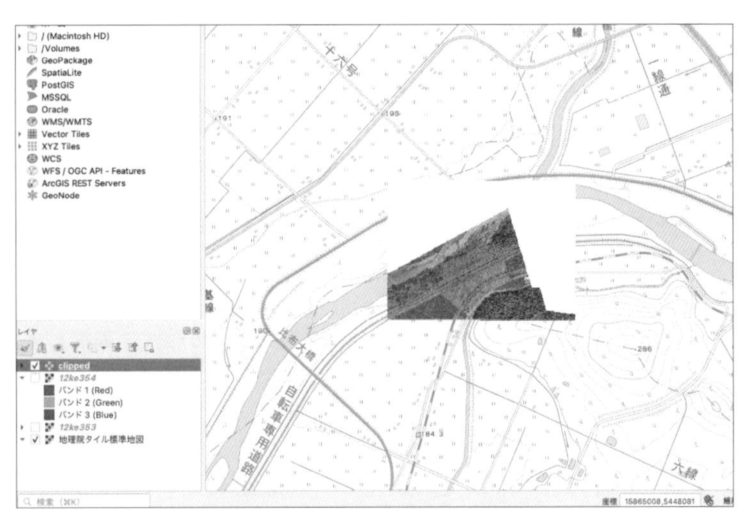

● 図3-74　切り抜かれたファイルをQGISで表示

3-6-2 データの結合（merge）

複数のGeoTIFFを結合する手順を紹介します。

1. 結合したい複数のラスターデータをQGISに追加します。

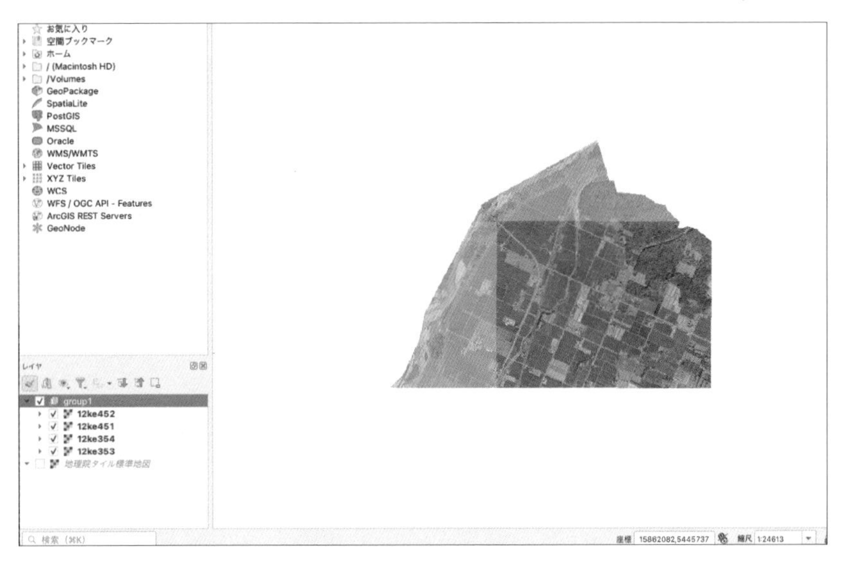

● 図3-75　結合するデータをQGISに取り込む

2. メニューバーから［ラスタ］→［その他］→［結合（gdal_merge)］を開きます。

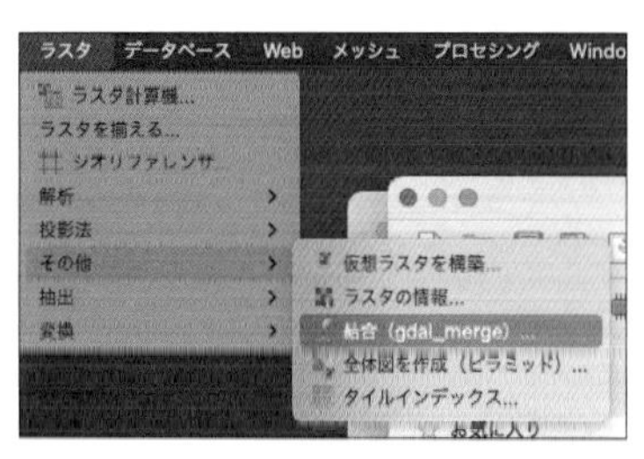

● 図3-76 ［その他］→［結合（gdal_merge)］を開く

3. ダイアログが開くので、入力レイヤ・出力のデータ型・出力先・ファイル形式を選択します。出力のデータ型は、ここでは元データがJPEG画像なので「Byte」を選択します。ファイル形式はTIFF形式とします。

● 図3-77 入力データ4.の設定

4. 処理を実行するとTIFFファイルが書き出されます。QGISで表示すると、複数の画像が結合されていることがわかります。

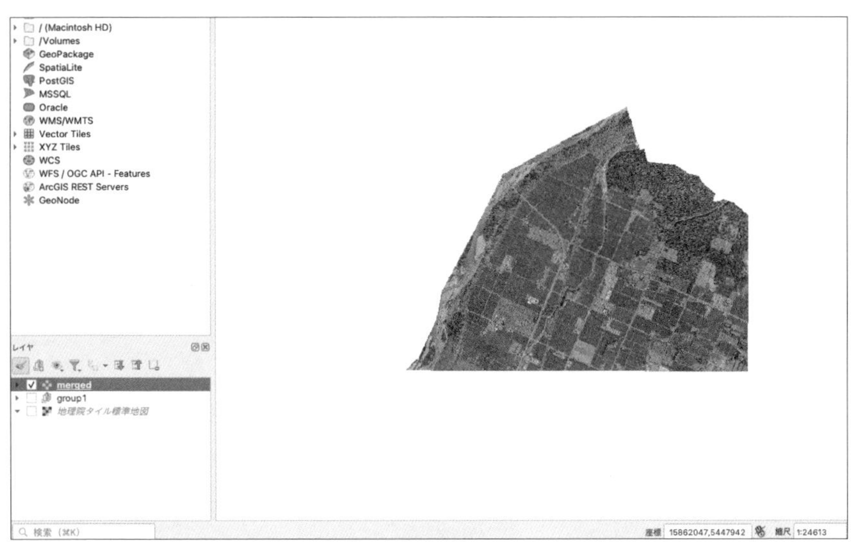

● 図3-78 結合したファイルをQGISで表示

3-6-3 投影法の変換（reproject）

GeoTIFFの投影法を変換する手順を紹介します。

1. 処理対象のラスターデータをQGISに追加します。

2. レイヤを右クリックしてコンテキストメニューを表示し、［エクスポート］→［名前を付けて保存］を選択します。

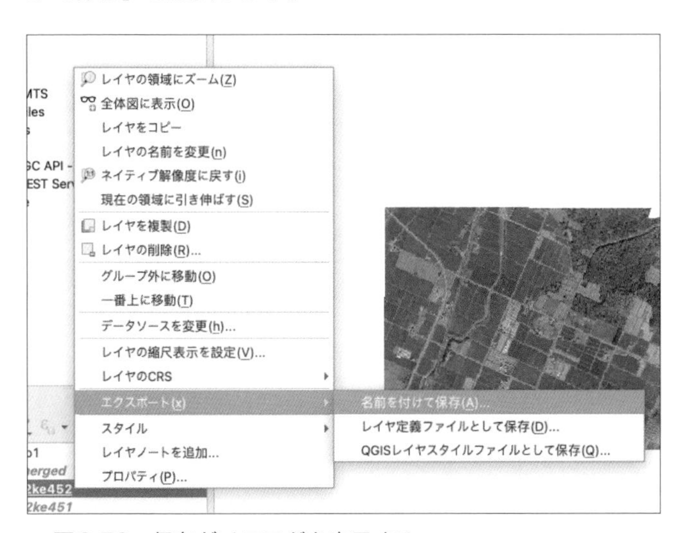

● 図3-79 保存ダイアログを表示する

3. ファイル名を入力し、出力モードや形式、座標参照系（CRS）を選択して、[OK] ボタンを押します。今回の元データは「EPSG:2454」ですが、今回は「EPSG:3857（ウェブメルカトル）」に変換してみましょう。

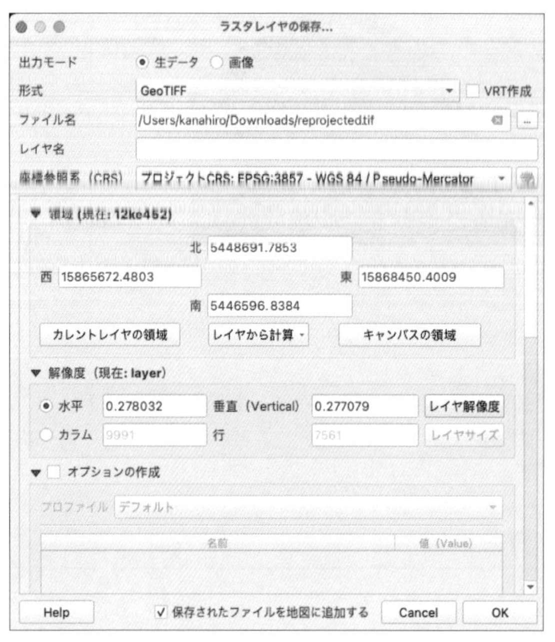

● 図3-80 「座標参照系（CRS）」に「EPSG:3857」を選択

4. TIFFファイルが書き出されます。地図上の見た目には変化がありませんが、内部的にウェブメルカトルに準拠した位置情報を持っています。

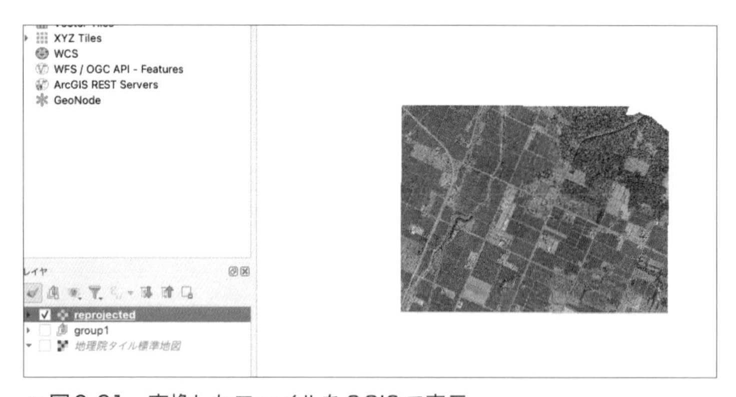

● 図3-81 変換したファイルをQGISで表示

3-6-4 ラスタータイル化

GeoTIFFをラスタータイルに変換する手順を紹介します。まずは大きいラスターデータをダウンロードします。

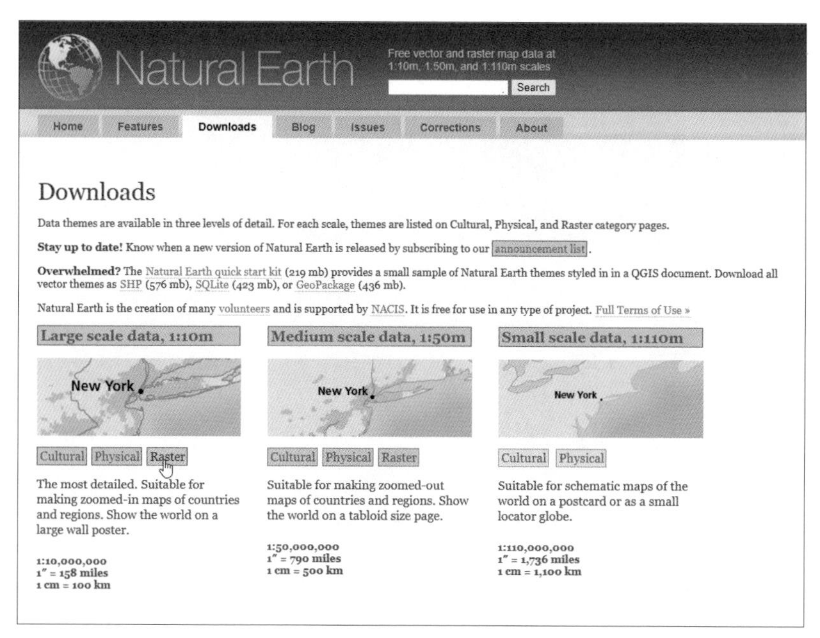

●図3-82　Natural Earthのダウンロードページhttps://www.naturalearthdata.com/downloads/10m-raster-data/10m-manual-shaded-relief/

ここでも、先ほどの「ファイルを開く」の説明で用いた「Gray Earth with Shaded Relief and Hypsography」を使います。［Download medium size］からダウンロードしたZipファイルを展開して、得られたTIFFファイルをQGISで読み込みます。

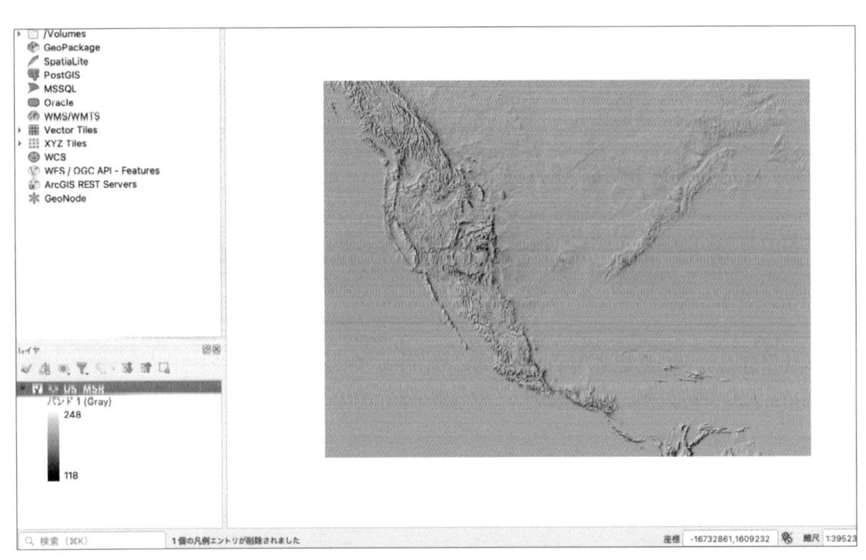

●図3-83　読み込んだGeoTIFFファイル

このラスターデータをタイル化しましょう。

1. メニューから［ビュー］→［パネル］と選択して［プロセッシングツールボックス］を開きます。

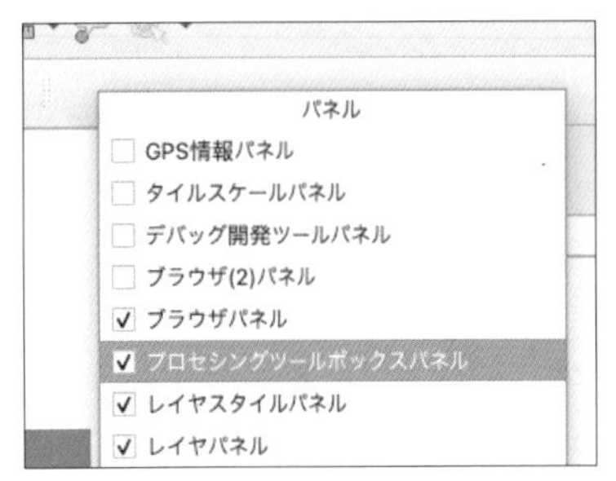

●図3-84　「プロセッシングツールボックス」を開く

2.「プロセッシングツールボックス」から［ラスタツール］→［XYZタイルを生成（ディレクトリ形式）］を開きます。

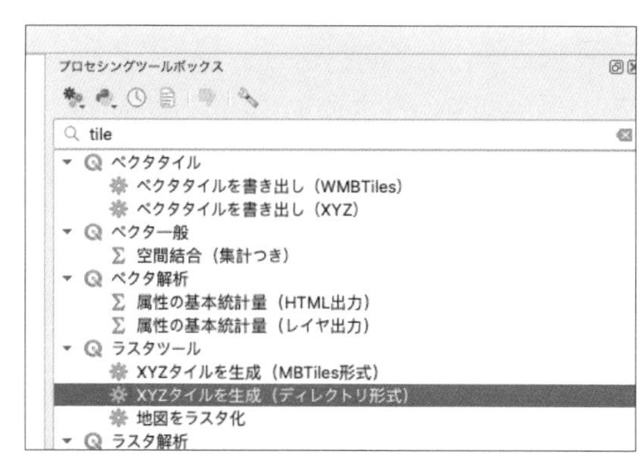

● 図3-85 「XYZタイルを生成（ディレクトリ形式）」を開く

3. 領域、最小ズームレベル、最大ズームレベル、出力先を選択します。領域はタイル化したいレイヤの範囲としましょう。最小ズームレベルは0で、最大ズームレベルは今回は8としました。

● 図3-86　XYZタイルの出力設定

4. 処理を実行すると、出力先に多数のディレクトリ・タイル画像のPNGファイルが書き出されます。

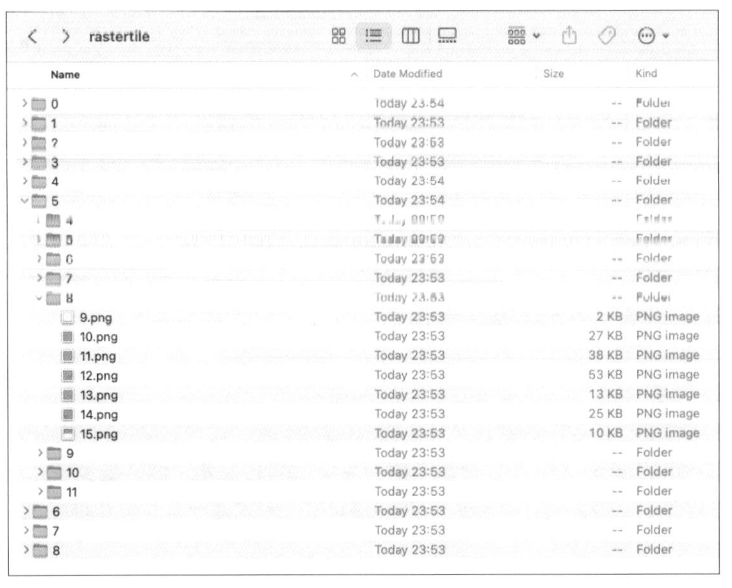

● 図3-87　出力されたファイル

ラスタータイルの表示方法は、開発入門編で学びます。

3-6-5 その他のラスターデータの加工

ここまでに紹介した以外のラスターデータの加工は、基本的には画像の変形やピクセル値の操作、切り出し・縮小といった典型的な画像処理ですが、標高データ（DEM）を加工して得られるデータにはユニークなものが多いため、いくつか紹介します。

まずはおさらいですが、DEMとは「ピクセル値に標高値の実数値が格納されたラスターデータ」です。

先述のG空間情報センターの【北海道当麻町】航空レーザーデータ（H28）に、「1mメッシュ標高ラスタデータ01」というDEMデータがあるので、こちらをダウンロードしましょう。

●図3-88　当麻町の「1mメッシュ標高ラスタデータ01」をダウンロードする

QGISでは次のように表示されます。

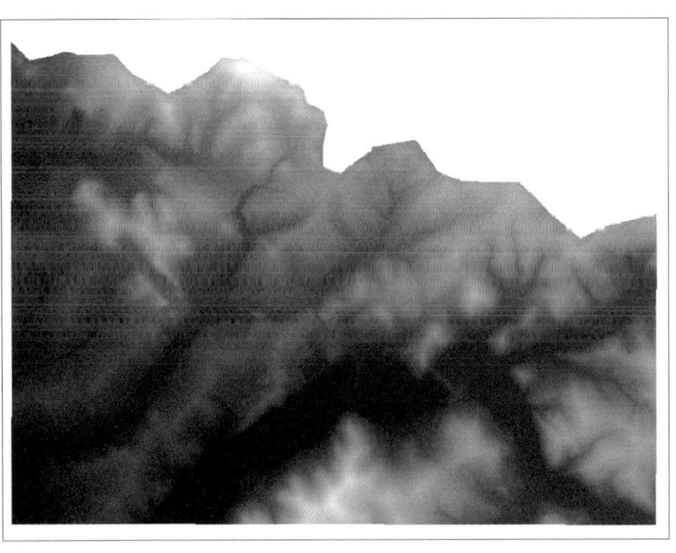

●図3-89　当麻町のDEMをQGISで表示

DEMがあれば、「ラスタ地形解析」で、さまざまな計算が可能となります。

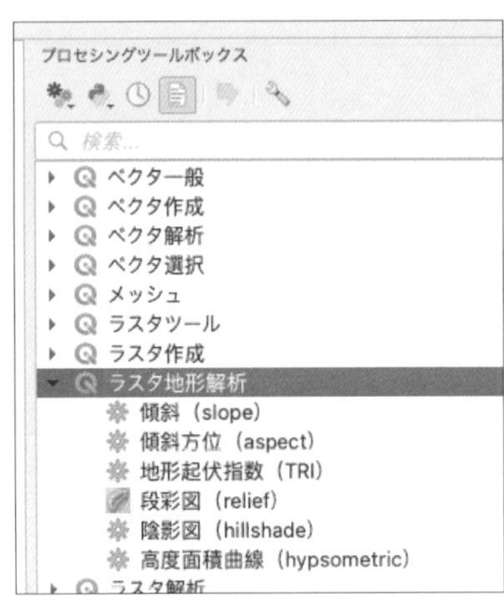

●図3-90　プロセッシングツールボックス内「ラスタ地形解析」

陰影図（Hillshade）

光の角度などをパラメータとして、陰影図が得られます。

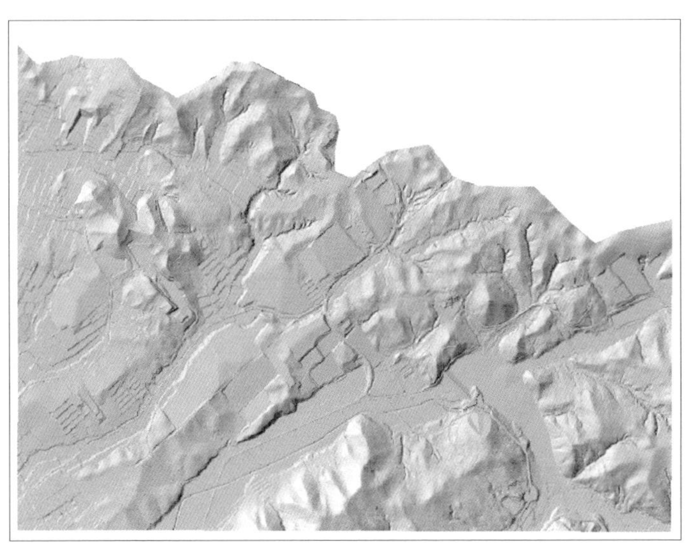

●図3-91　陰影図

傾斜量図（Slope）

傾斜が急な領域ほど大きな値となるラスターデータが得られます。

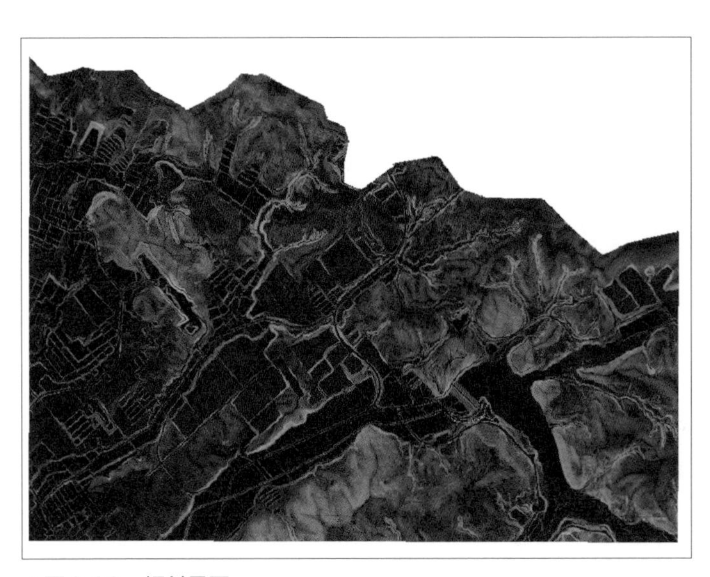

●図3-92　傾斜量図

第3章 位置情報データの取得・加工

傾斜方向図（Aspect）

その地形が傾いている角度が格納されたラスターデータが得られます。

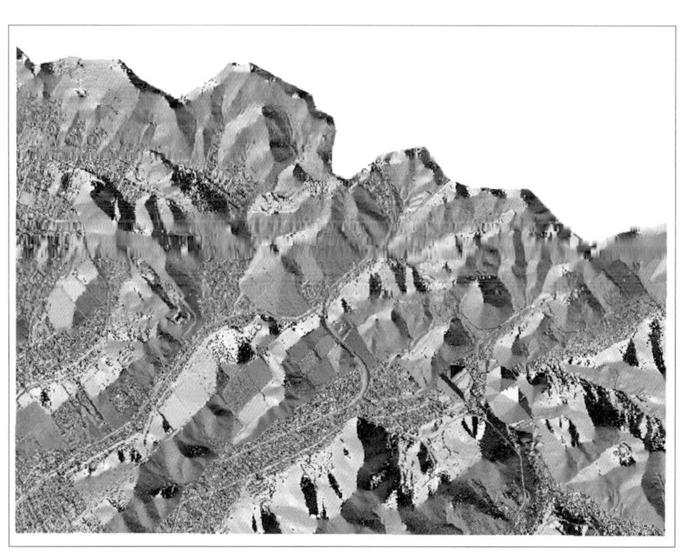

●図3-93　傾斜方向図

段彩図（Relief）

標高値を一定の間隔で着色したラスターデータが得られます。

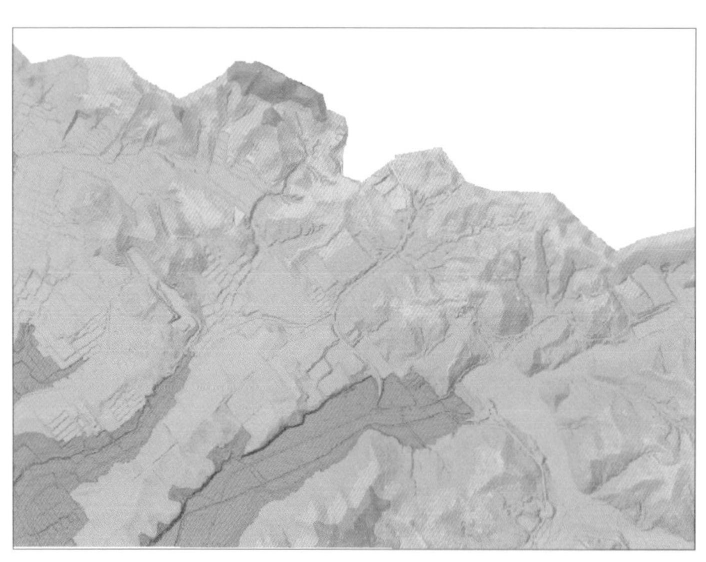

●図3-94　段彩図（150～350mを50m刻みで、青、緑、黄、赤に着色）

COLUMN　GDAL/OGR

● GDAL/OGRの公式サイト（https://gdal.org/）

本書では、環境構築が容易であるため、またOS間の差をなるべく小さくするため、変換処理にQGISを用いました。しかし、現場のデータ変換では、QGISよりも**GDAL/OGR**が多く使われています。GDAL/OGRは、位置情報データを「処理」するオープンソースソフトウェアで、非常に多くのFOSS4Gが依存しているツールです。

GDAL/OGRができる処理とは、形式の変換、再投影、タイル化などを含み、すなわち本章で紹介した処理のほとんどは、GDAL/OGRでも実行可能です。基本的には、GDAL/OGRの方が柔軟で高速に処理ができますが、コマンドラインツールであるために直感的な操作はできません。用途に応じて、GUIで操作できるQGISとうまく使い分け、効率よく位置情報データを処理するとよいでしょう。

第4章

位置情報アプリケーション開発：入門編

本章では、位置情報アプリケーションの開発方法を解説します。現場で用いられるライブラリや状況に応じたベストプラクティスを学んでいきます。

4-1 位置情報ライブラリの紹介

位置情報アプリケーションの開発では、オープンソースのライブラリを利用することが一般的です。本書のサンプルコードで利用するライブラリを中心に、よく使われるライブラリをいくつか紹介します。なお、すべてウェブブラウザ向けで、JavaScriptで利用できます。

4-1-1 Leaflet

●図4-1　Leaflet（https://leafletjs.com/）

Leafletは、そのシンプルさで非常に人気のある地図ライブラリです。一般的な位置情報アプリケーションで必要となる地図機能が網羅されていながら、APIがわかりやすく習得しやすいライブラリです。本書で解説するテーマ別ハンズオンの序盤では、Leafletによる実装を紹介します。

4-1-2 MapLibre GL JS

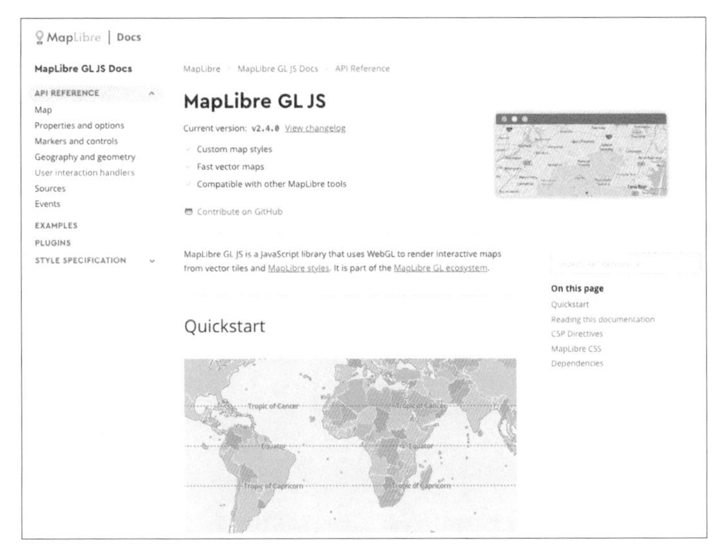

●図4-2　MapLibre GL JS（https://maplibre.org/maplibre-gl-js-docs/api/）

MapLibre GL JSは、WebGLとベクトルタイルを技術基盤とするオープンソースの地図ライブラリです。第3章でも説明したように、位置情報を扱う上ではベクトルタイル技術の有用性は非常に高いものがあります。また、**WebGL**は、ウェブブラウザの描画パフォーマンスに飛躍的な進歩をもたらしました。テーマ別ハンズオンでは、Leafletと比較する形でMapLibre GL JSを使い、ベクトルタイルとWebGLの有用性を説明します。また、実践編でもMapLibre GL JSでアプリケーションを構築します。

COLUMN　MapLibre GL JSとMapbox GL JSについて

MapLibre GL JSは、**Mapbox GL JS**からフォークして誕生しました。Mapbox GL JSはベクトルタイル技術を生み出したMapbox社がベクトルタイルのレンダラーとして開発したライブラリで、v1.1.3まではオープンソースソフトウェアとして開発されていました。

しかし、2020年12月リリースのv2.0.0でプロプライエタリライセンスに変更されたことを機に、FOSS4Gコミュニティのメンバーによってソースコードがフォークされ、MapLibre GL JSが生まれました。現在ではMapLibreコミュニティも成熟しつつあり、Mapbox／MapLibre GL JSのそれぞれで発展が進んでいます。

4-1-3 Turf.js

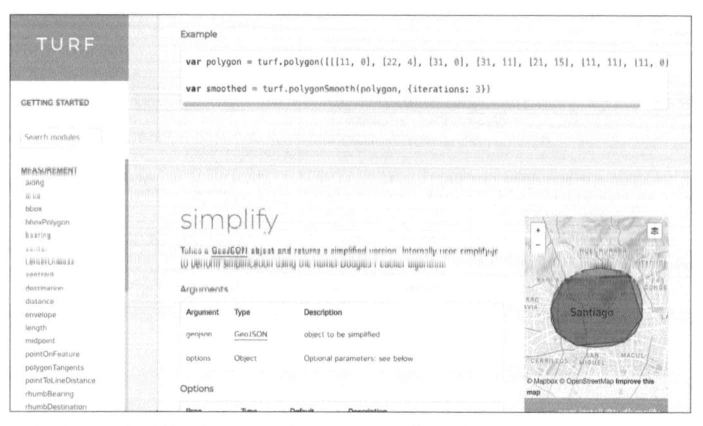

●図4-3　Turf.js（https://turfjs.org/docs/）

各種の**空間演算**を行うためのJavaScriptライブラリです。空間演算とは、二点間の距離計算や、ポリゴンの面積計算、ポリゴン同士が重なっているかの判定などの地理的・幾何学的計算の総称です。空間演算の定番の処理が網羅されており、汎用性の高いライブラリです。

4-1-4 その他

これらは本書には登場しませんが、広く使われている定番ライブラリです。

OpenLayers

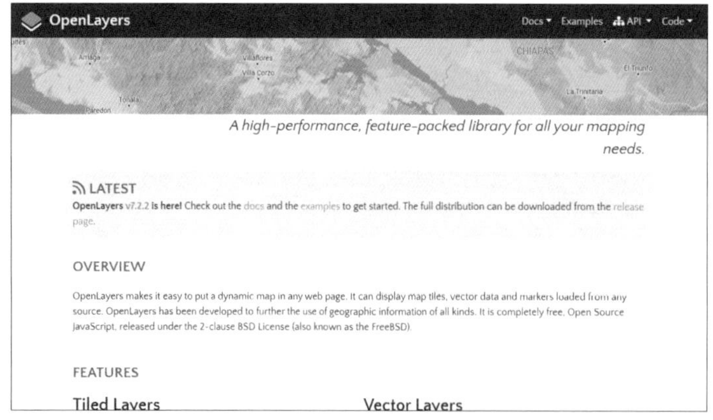

●図4-4　OpenLayers（https://openlayers.org/）

歴史のある、最もGISらしい地図ライブラリです。他の地図ライブラリがサポートしていない、さまざまな**地図投影法**に対応している点がユニークです。

deck.gl

●図4-5　deck.gl（https://deck.gl/）

データビジュアライズに特化した地図ライブラリで、3D表現を含む美麗な地図表現を簡単に実装できます。WebGLをベースとしており、ハイパフォーマンスです。

CesiumJS

●図4-6　CesiumJS（https://cesium.com/platform/cesiumjs/）

地形や建物などの3D表現に特化した地図ライブラリです。こちらもWebGLをベースとしています。

D3.js

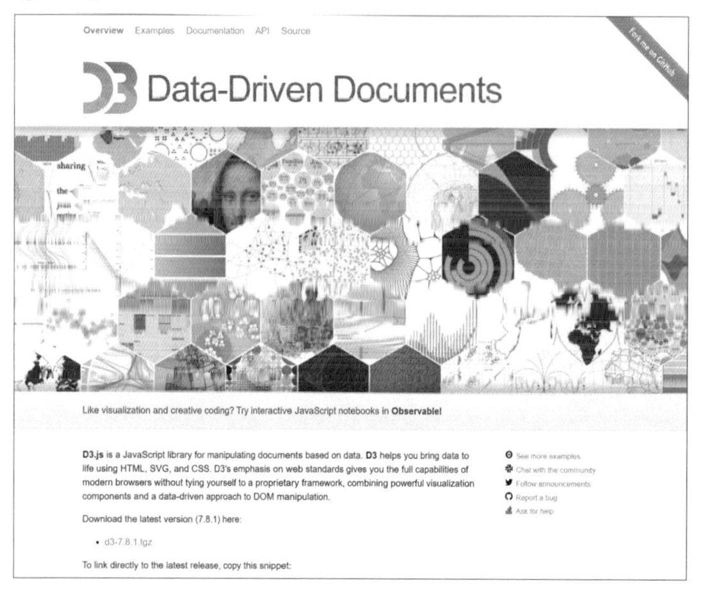

●図4-7　D3.js（https://d3js.org/）

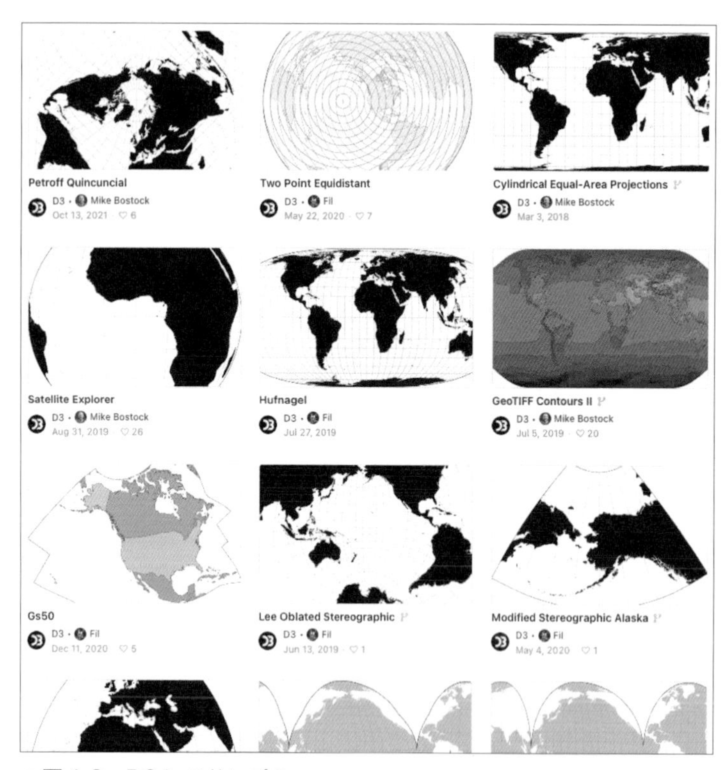

●図4-8　D3.jsのサンプル

地図ではなくデータビジュアライズに用いられるライブラリで、他とは毛色が違いますが、さまざまな地図投影法を用いて位置情報を可視化できるユニークなライブラリです。

COLUMN　WebGLと地図ライブラリ

● WebGL公式サイト（https://www.khronos.org/webgl/）

WebGLは、ウェブブラウザからGPUを利用することで高パフォーマンスな3D描画を可能とする標準仕様です。WebGLのAPIは、比較的「低レベル」でコード量が多くなりがちなこと、描画命令にはGLSLというC言語ライクなシェーダー言語が必要となるために学習コストが高いことから、Three.jsやBabylon.jsなどのライブラリを通じて利用することが多いです。

WebGLは大量の頂点・図形を高速に処理・描画するものであることから、データの数が多い位置情報データと非常に相性がよい技術です。したがって、モダンな地図ライブラリの多くでWebGLが採用されていることは必然といえるでしょう。

紹介したライブラリの中でも、deck.glはカスタムシェーダーでの描画にも対応しているため、最小限の記述でWebGLの世界をのぞくことができます。

COLUMN　地図ライブラリの選び方

たくさんの地図ライブラリからどれを選べばよいのかの判断が難しいときがあります。そこで、判定の助けとなるフローチャートを作成しました。ぜひ技術選定の参考にしてみてください。一般的な地図表示は、ほぼすべての地図ライブラリで実装可能ですが、特殊な要件がある場合、選択すべきライブラリが絞られるのがポイントです。

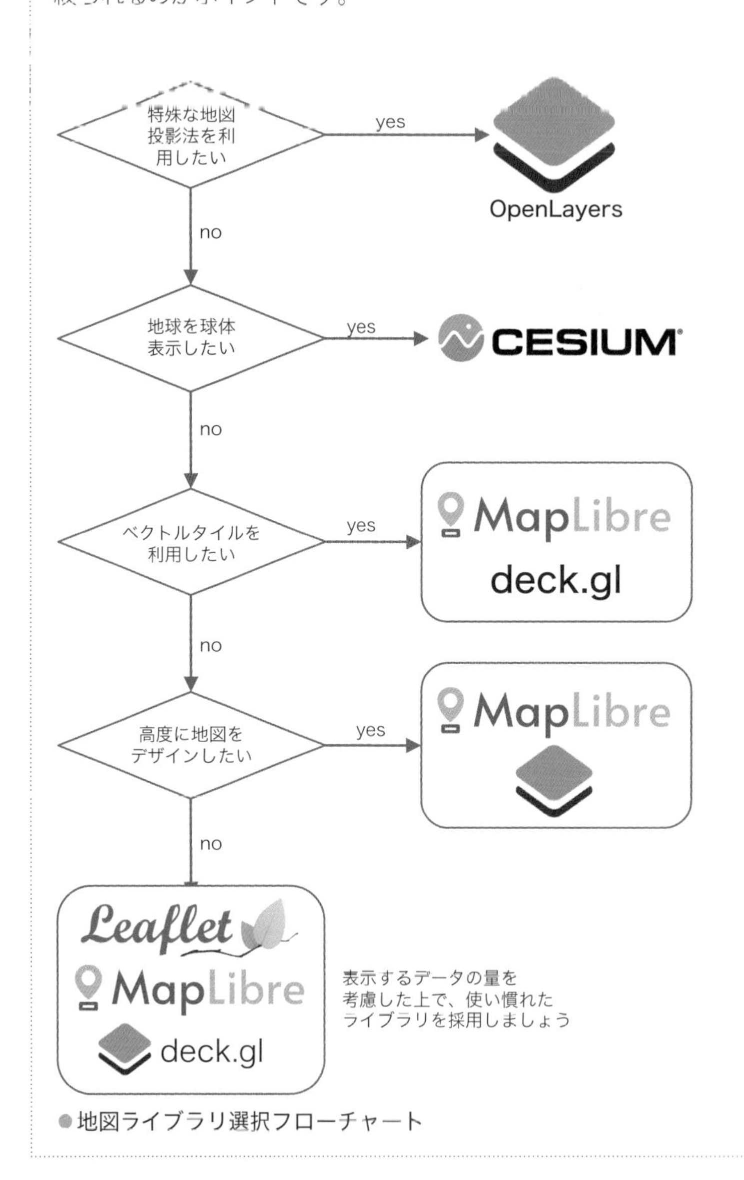

●地図ライブラリ選択フローチャート

4-2 テーマ別ハンズオン

　ようやくここから、読者の皆さんにも手を動かしていただくテーマ別ハンズオンのパートです。このパートでは、位置情報アプリケーションに入門しつつ、現場で頻出する技術的課題をどのように解決していくか、これまでの議論で得た知識を実感・体得することを目指します。

4-2-1 開発環境について

　モダンなフロントエンド開発では、ReactやVue.jsを始めとしたライブラリやフレームワークを利用することが一般的ですが、入門編では最もシンプルな構成のHTML／CSS／JavaScriptでサンプルを構築しています。ソースコードは、すべてGitHubで公開しているので、参考にしてください[*1]。

　また、アプリケーションを動作させるためにはウェブサーバー上で配信する必要がありますが（ローカルサーバーも可）、本書ではウェブサーバーの起動・配信方法などの説明はしないので、ご了承ください。なお、サンプルアプリケーションは、すべてGitHub Pages[*2]で配信しています。

4-2-2 地図タイルを背景として表示する

　まずは準備運動として、OpenStreetMapの地図タイルを表示するだけのシンプルなアプリケーションを構築してみましょう。

　最初に、任意のフォルダに`index.html`を作成し、リスト4-1のような空のHTMLを記述します。

●リスト4-1　空のindex.html

```
<!DOCTYPE html>
<html>
    <head>
```

＊1　https://github.com/Kanahiro/location-tech-sample-v1
＊2　https://kanahiro.github.io/location-tech-sample-v1/

```
        <title>サンプルタイトル</title>
    </head>
    <body>
    </body>
</html>
```

ここから位置情報アプリケーションを実装していくのですが、どのライブラリを使うべきでしょうか。このようなシンプルな要件なら、使い慣れたライブラリを採用するのがベストです。ここでは、最も簡単に使える地図ライブラリである**Leaflet**を利用します。

LeafletのCSSファイルとJavaScriptファイルをリスト4-2のように読み込みます。

● リスト4-2　LeafletのCSSファイルとJavaScriptファイルを読み込む

```
<head>
    <title>サンプルタイトル</title>
    <!-- LeafletのCSS読み込み -->
    <link
        rel="stylesheet"
        href="https://unpkg.com/leaflet@1.7.1/dist/leaflet.css"
        integrity="sha512-xodZBNTC5n17Xt2atTPuE1HxjVMSvLVW9ocqUKLsCC5CXdbqCmblAshOMAS6/
keqq/sMZMZ19scR4PsZChSR7A=="
        crossorigin=""
    />
    <!-- LeafletのJavaScript読み込み -->
    <script
        src="https://unpkg.com/leaflet@1.7.1/dist/leaflet.js"
        integrity="sha512-XQoYMqMTK8LvdxXYG3nZ448hOEQiglfqkJs1NOQV44cWnUrBc8PkAOcXy20w
0vlaXaVUearIOBhiXZ5V3ynxwA=="
        crossorigin=""
    ></script>
</head>
```

次に、Leaflet地図を埋め込むdiv要素を宣言します。なお、要素の高さ（height）は必ず指定が必要です。

●リスト4-3　div要素を宣言する

```
<body>
    <!-- 地図を表示するdiv要素を宣言 -->
    <div id="map" style="height: 80vh;"></div>
</body>
```

ここまでで準備ができたので、body節の後半にLeafletのコードを記述します。

●リスト4-4　div要素を宣言する

```
<body>
    <div id="map" style="height: 80vh;"></div>
    <script>
        // 地図インスタンスを初期化（＝div要素に地図画面が埋め込まれる）
        const map = L.map('map', {
            center: [36.5, 137.1], // 初期表示の地図中心の[緯度, 経度]
            zoom: 5, // 初期ズームレベル
        });
        // 背景レイヤーインスタンスを初期化
        const backgroundLayer = L.tileLayer(
            'https://tile.openstreetmap.org/{z}/{x}/{y}.png', // OSMのURLテンプレート
            {
                maxZoom: 19,
                attribution:
               '&copy; <a href="http://www.openstreetmap.org/copyright">OpenStreetMap</
a> contributors',
            },
        );
        // 地図インスタンスへレイヤーを追加
        map.addLayer(backgroundLayer);
    </script>
</body>
```

第3章で説明したようにOpenStreetMapの地図タイルは、次のようなURLテンプレートで配信されています。

● リスト4-5　OpenStreetMapの地図タイルのURLテンプレート

```
'https://tile.openstreetmap.org/{z}/{x}/{y}.png', // OSMのURLテンプレート
```

この状態で、HTMLページをウェブブラウザで開くと、日本周辺のOSMを表示する地図画面が表示されます。

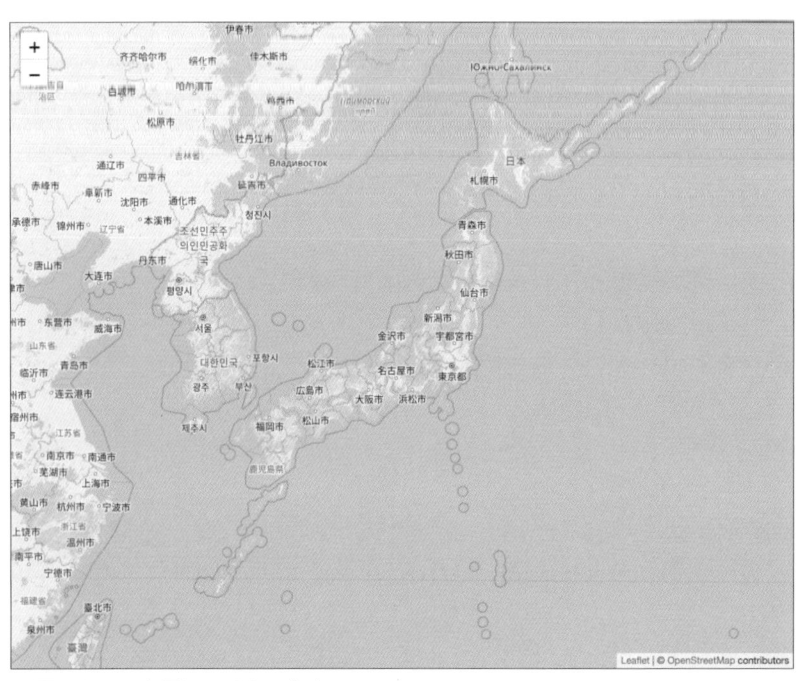

● 図4-9　日本周辺のOSMを表示

マウスのドラッグで地図を移動できたり、ホイールでズームレベルを変更できたりします。これが位置情報アプリケーションの土台となります。

ポイント

・Leafletでは、URLテンプレートを用いることで簡単に地図タイルを表示できる

発展

・「自由に使えるデータの紹介」で紹介した他の地図タイルを表示してみましょう

4-2-3 地図上にピンを立てる

●図4-10　ピンのマーク

次に、表示できた背景地図上にピンを立ててみます。余談ですが、「ピン」は「マーカー」とも呼ばれます。また、「ピン」のような地点を示すデータを総称して「PoI（Point of Interest）」と呼んだりします。

今回は、**平面直角座標**の原点座標を地図上に表示してみましょう。平面直角座標系は全部で19種類あることを先に説明しました。原点の座標は測量法で定められています*3。原点は経緯度を度分秒表記した際にキリのよい地点に定められています。位置情報アプリケーションでは経緯度は十進法で取り扱うことになっているので、表記を改めながら、リスト4-6のようにピンを地図に追加します。

●リスト4-6　ピンを地図に追加する

```
// ピン定義
const marker = L.marker([33, 129.5]); // ピン＝Markerを初期化
marker.bindPopup('平面直角座標1系原点'); // ポップアップを紐付け
map.addLayer(marker); // ピンを地図上に追加
```

Leafletでは、経緯度の順序が**緯度、経度**であることに注意が必要です。また、上記と同じ処理をLeafletでは1行で書くこともできます。

●リスト4-7　ピンを地図に追加する

```
L.marker([33, 129.5]).bindPopup('平面直角座標1系原点').addTo(map);
```

リスト4-7と同じように、残り18個のピンも追加します。

●リスト4-8　18個のピンを追加する

```
L.marker([33, 131.0]).bindPopup('平面直角座標2系原点').addTo(map);
L.marker([36, 132.1666666]).bindPopup('平面直角座標3系原点').addTo(map);
L.marker([33, 133.5]).bindPopup('平面直角座標4系原点').addTo(map);
```

＊3　https://www.gsi.go.jp/LAW/heimencho.html

```
L.marker([36, 134.3333333]).bindPopup('平面直角座標5系原点').addTo(map);
L.marker([36, 136.0]).bindPopup('平面直角座標6系原点').addTo(map);
L.marker([36, 137.1666666]).bindPopup('平面直角座標7系原点').addTo(map);
L.marker([36, 138.5]).bindPopup('平面直角座標8系原点').addTo(map);
L.marker([36, 139.8333333]).bindPopup('平面直角座標9系原点').addTo(map);
L.marker([40, 140.8333333]).bindPopup('平面直角座標10系原点').addTo(map);
L.marker([44, 140.25]).bindPopup('平面直角座標11系原点').addTo(map);
L.marker([44, 142.25]).bindPopup('平面直角座標12系原点').addTo(map);
L.marker([44, 144.25]).bindPopup('平面直角座標13系原点').addTo(map);
L.marker([26, 142.0]).bindPopup('平面直角座標14系原点').addTo(map);
L.marker([26, 127.5]).bindPopup('平面直角座標15系原点').addTo(map);
L.marker([26, 124.0]).bindPopup('平面直角座標16系原点').addTo(map);
L.marker([26, 131.0]).bindPopup('平面直角座標17系原点').addTo(map);
L.marker([20, 136.0]).bindPopup('平面直角座標18系原点').addTo(map);
L.marker([26, 154.0]).bindPopup('平面直角座標19系原点').addTo(map);
```

ウェブブラウザを確認すると、19個のピンが立っていることがわかります。また、bindPopup()によって、ポップアップテキストを紐付けているので、ピンをクリックすると「平面直角座標1系原点」のように表示されます。

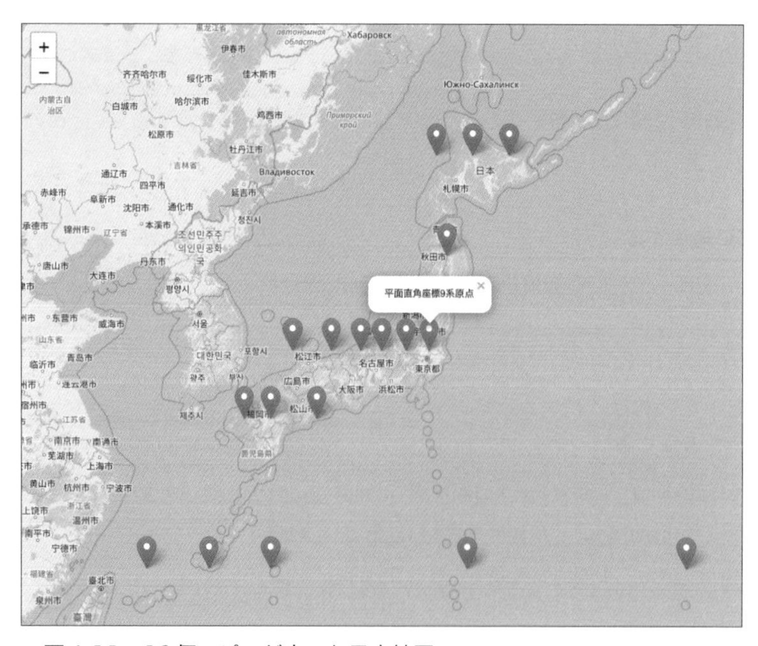

●図4-11　19個のピンが立った日本地図

ポイント
- 経緯度からピンを作成することができる
- Leafletでは経緯度は緯度、経度の順で扱われる
- ピンをクリックした際にポップアップテキストを定義できる

発展
- 好きな位置にピンを立ててみましょう
- 好きなポップアップテキストを設定してみましょう

4-2-4 地図上に多くのピンを立てる

19個程度の地点なら、手動で座標を計算して入力することは十分可能です。しかし、位置情報アプリケーションでは100個や1,000個どころか、万単位の位置情報を取り扱うこともあるため、それらを手動で追加することは現実的ではありません。そういったケースでは、データを保存した外部ファイルを用いるのがベターです。ウェブでは**GeoJSON**形式が標準として利用されていることは、先に説明したとおりです。

ここでは「国土数値情報 - 学校データ」*4のうち、群馬県のデータを用いてみます。ダウンロードしたZipファイルを展開すると、`P29-21_10.geojson`というファイルが得られます。そのファイルを`index.html`と同じディレクトリに配置すれば準備完了です。ちなみに、このデータには1,009地点の座標が含まれています。とても手動では入力したくない数です。

Leafletでは、GeoJSONをリスト4-9のように読み込みます。

● リスト4-9　GeoJSONレイヤを作成する

```
// GeoJSONレイヤーを作成
fetch('./P29-21_10.geojson') // 群馬県の学校データのGeoJSONを非同期読み込み
    .then((res) => res.json())
    .then((json) => {
        // GeoJSONレイヤーを作成
        L.geoJSON(json)
            .bindPopup((layer) => layer.feature.properties.P29_004) // ポップアップで学
校名を表示
```

＊4　https://nlftp.mlit.go.jp/ksj/gml/datalist/KsjTmplt-P29-v2_0.html

```
            .addTo(map); // 地図に追加
    });
```

ここで重要なのは、Leafletが受け取るのは**GeoJSON構造のObject**であるということです。今回のケースだと、GeoJSONデータはHTMLには含まれていないので、`fetch()`による非同期通信でGeoJSONデータを取得する必要があります。GeoJSONのファイルサイズは288KB程度なので、取得はすぐ完了するでしょう。その後、GeoJSONレイヤが作成され、Leafletに読み込まれます。

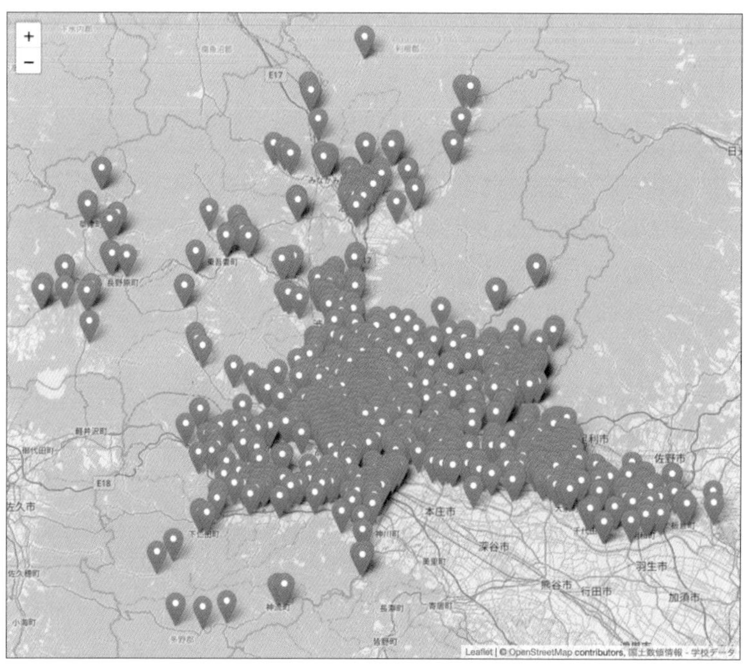

●図4-12　学校にピンを立てた群馬県の地図

GeoJSONの構造

GeoJSONは、リスト4-10のような構造をしています。`features`配列に任意の数の`Feature`が含まれます。

●リスト4-10　GeoJSONの構造

```
const geojson = {
    type: 'FeatureCollection',
    features: [
        {
```

```
            type: 'Feature',
            geometry: {
                type: 'Point',
                coordinates: [129.5, 33]
            },
            properties: {
                name: '平面直角座標1系原点'
            }
        },
        {
            type: 'Feature',
            geometry: {
                type: 'Point',
                coordinates: [131.0, 33]
            },
            properties: {
                name: '平面直角座標2系原点'
            }
        },
        // 以下略
    ]
}
```

Leafletでは、このgeojson変数を用いて、次のように書くことも可能です。

● リスト4-11 GeoJSON変数を用いたLeafletによる記述

```
L.geoJSON(geojson)
    .bindPopup((layer) => layer.feature.properties.name)
    .addTo(map);
```

ポイント

・GeoJSONファイルを用いると簡単に多くのデータを追加できる

発展

- 国土数値情報の別のデータをダウンロードして、Leafletで表示してみましょう
- GeoJSONデータをJavaScript上で定義して読み込ませてみましょう

4-2-5 地図上にもっと多くのピンを立てる

「4-2-4 地図上に多くのピンを立てる」では、1,000件程度のGeoJSONを読み込んでピンを立てました。ピンの数はいくら多くても問題はないのでしょうか？ もちろん、そんなはずはありません。次は、「国土数値情報 - 学校データ」の全国データを読み込んでみます。対象のファイルをダウンロードして得られる「`P29-21.geojson`」には、5万件以上の地点が格納されています。

まず通信量について考えてみると、このGeoJSONファイルのファイルサイズは16.4MBで、ウェブで用いるサイズとしてはやや大きめですが許容範囲内といえるでしょう。しかし、描画の観点でいうと、5万件のピンをLeafletで立てるのは現実的ではありません。実際にやってみるとわかりますが、地図画面がフリーズしてまともに描画できませんし、もし表示できもピンが密集して問題のある見た目になります。

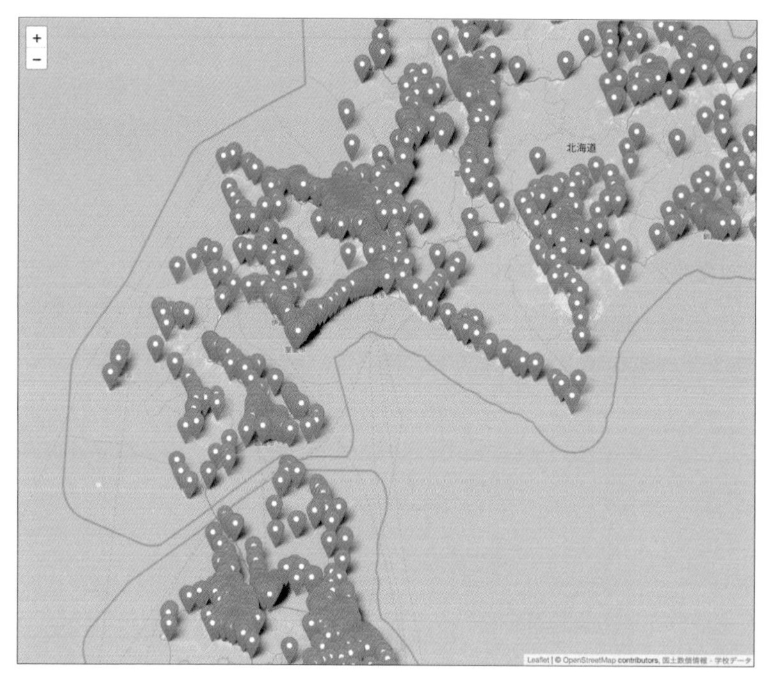

●図4-13 ピンが密集して見た目が悪い状態

5万件のデータを5万個のピンで表示しようとする限りは、この問題は解決しません。この場合、位置情報アプリケーションでは**クラスタリング**という手法で、描画すべき要素の数を減らすアプローチを取ります。Leafletでクラスタリングを実装する場合は、「Leaflet.markercluster」というプラグインを利用します。まずはLeaflet.markerclusterのJavaScriptとCSSを追加で読み込みます。

●リスト4-12 markerclusterのJavaScriptとCSSを追加で読み込む

```
<!-- Leaflet.markerclusterを読み込み -->
<script src="https://unpkg.com/leaflet.markercluster@1.3.0/dist/leaflet.markercluster.
js"></script>
<link
    rel="stylesheet"
    href="https://unpkg.com/leaflet.markercluster@1.3.0/dist/MarkerCluster.css"
/>
<link
    rel="stylesheet"
       href="https://unpkg.com/leaflet.markercluster@1.3.0/dist/MarkerCluster.Default.
css"
/>
</head>
```

使い方は非常にシンプルで、GeoJSONを読み込んでLeafletに追加する際に、Leaflet.markerclusterのレイヤを利用するだけです。この場合、リスト4-13のように、数行を追加で記述します。

●リスト4-13 GeoJSONをLeaflet.markerclusterのレイヤに追加

```
fetch('./P29-21.geojson') // 全国分の学校データ（5万件超）のGeoJSONを非同期読み込み
    .then((res) => res.json())
    .then((json) => {
        // クラスタリングレイヤーを作成し地図に追加
        const markers = L.markerClusterGroup()
            .bindPopup(
                (layer) => layer.feature.properties.P29_004, // ポップアップで学校名を
表示
            )
            .addTo(map);
```

```
        L.geoJSON(json).addTo(markers); // クラスタリングレイヤーにGeoJSONデータをセッ
ト。
    });
```

このようにすると、5万件のピンを表示するのではなく、ある程度近傍にあるピンを一まとめ（クラスター）にしたアイコンが表示されます（図4-14）。

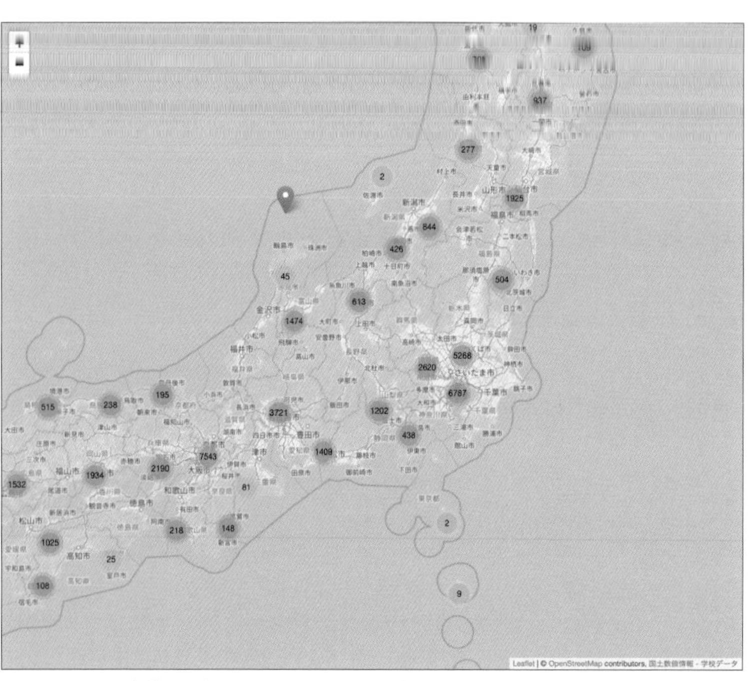

●図4-14　多数のピンをクラスタリング

ズームしていくと、より細かい単位のクラスターに分かれていき、最終的にピンが表示されることがわかります（図4-15）。ピンをクリックすれば、先ほどと同様に名称のポップアップが表示されます。

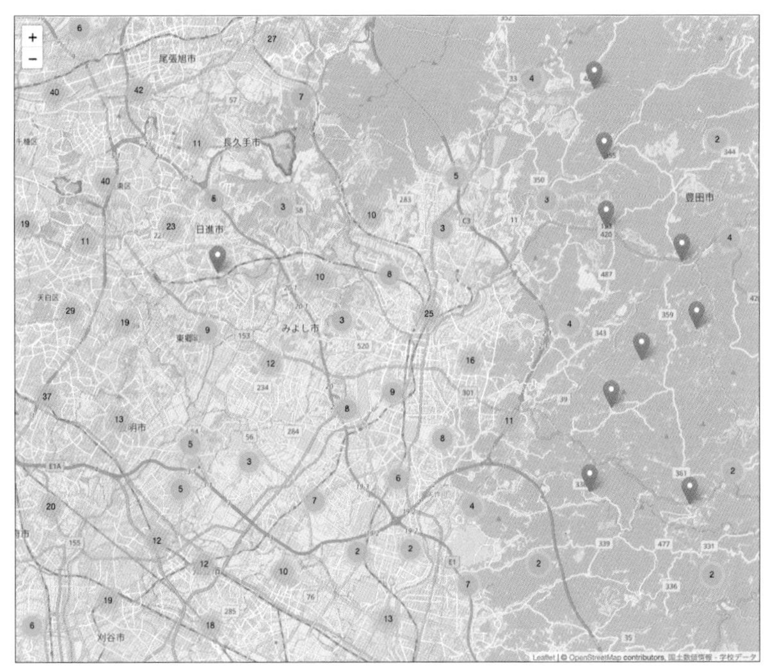

●図4-15　ズームするとより細かな群に分離する

ここで重要なのは、5万件程度の点データの「処理」自体は最近のウェブブラウザであれば十分な速度で動作するということです（線・面の場合は別）。今回のケースのパフォーマンス上のボトルネックは描画部分にあり、そのため、表示する要素数を減らすクラスタリングが有効でした。優れた位置情報アプリケーションを開発するためには、**通信量・データ処理・描画**でパフォーマンス上の問題が生じないように気を配る必要があります。

ポイント

- 非常に多くのピンは表示することが困難であるため、クラスタリングという手法を用いるのがよい
- データ量が多くなりがちな位置情報アプリケーションでは、通信量・データ処理・描画がパフォーマンス上の問題となりやすい

発展

・クラスタリングなしの場合、どれだけの数のピンを表示できるか、試してみましょう
・どれだけデータが多いGeoJSONまで処理が可能か、試してみましょう

4-2-6 地図上に図形を表示する

これまでは点データに取り組んできましたが、ここからは線・面に焦点を当てます。この場合も、まずは最も単純な図形描画から始めます。

その前に、気分を変えて背景を航空写真にしてみましょう。出典表記のみで使える地理院タイルが便利です。ここでは地図の中心を富士山にしてみます。

●リスト4-14　航空写真の地理院タイルを富士山を中心として組み込む

```
const map = L.map('map', {
    center: [35.3627808, 138.7307908], // 富士山
    zoom: 14,
});
const backgroundLayer = L.tileLayer(
    'https://cyberjapandata.gsi.go.jp/xyz/seamlessphoto/{z}/{x}/{y}.jpg', // 地理院タイ
ル空中写真
    {
        maxZoom: 17,
        attribution:
            '<a href="https://maps.gsi.go.jp/development/ichiran.html">地理院タイル</
a>',
    },
);
```

では、図形を描画してみましょう。まずは円形（Circle）です。

●リスト4-15　円を描画する

```
// 円形
L.circle([35.3627808, 138.7307908], {
    color: 'yellow',
```

```
    fillColor: '#ff0000',
    fillOpacity: 0.3,
    radius: 1000,
})
    .bindPopup('I am Circle!')
    .addTo(map);
```


Circleは1つの地点から成り、半径を指定することで円を描画します。そのほか、ポップアップの紐付けや地図への追加はGeoJSONの場合と同様に記述できます。

次は線（Polyline/Line）です。

● リスト4-16　線を描画する

```
// 線分
L.polyline(
    [
        [35.36, 138.73],
        [35.37, 138.73],
        [35.37, 138.74],
        [35.38, 138.74],
        [35.39, 138.75],
        [35.37, 138.75],
    ],
    { color: 'blue' },
)
    .bindPopup('I am Polyline!')
    .addTo(map);
```

Polylineは複数の点から成り、二点間は直線の折れ線となります。

最後に面（Polygon）です。

● リスト4-17　面を描画する

```
// 多角形
L.polygon(
    [
        [35.36, 138.7307908],
        [35.35, 138.74],
```

```
        [35.34, 138.72],
    ],
    { color: 'green' },
)
    .bindPopup('I am Polygon!')
    .addTo(map);
```


Polygonは、線分と同じく複数の点からなり、二点間は直線となります。Lineと違うのは最後の点が最初の点と結ばれて全体が閉じた線分となり、それが面となるという点です。

これらを同時に描画すると、図4-16のような表示になります。

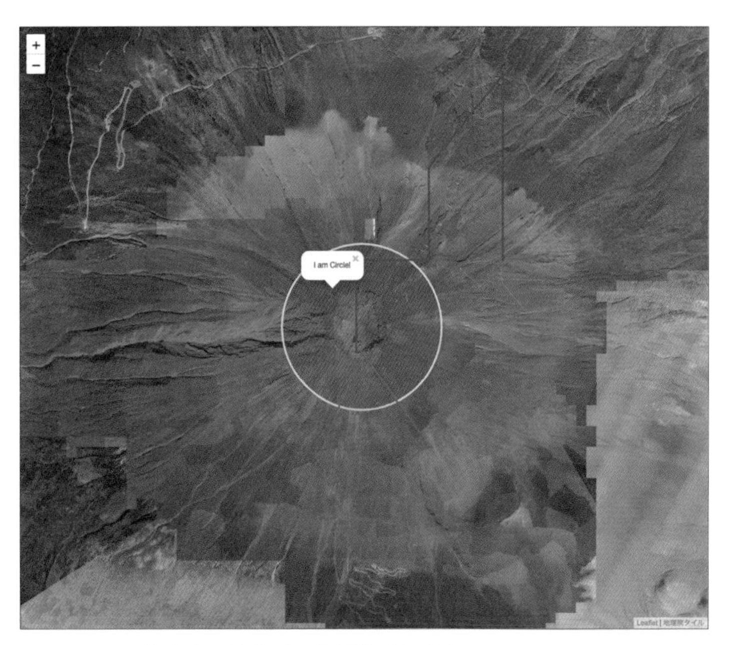

●図4-16　富士山の航空図に描画を重ね合わせる

図形をクリックすると、それぞれに紐付けたポップアップテキストが表示されます。

COLUMN ポリゴンデータの頂点の保持の仕方

位置情報分野における頂点の保持の仕方は、リスト4-17のように「頂点の配列の末尾を先頭と結ぶことで面を閉じる」のではなく、「頂点の配列の末尾が、先頭と同じ座標となるように保持する」のが一般的です*5。これは、前述のポリゴンのケースでは次のような頂点の配列となるという意味です。

```
[
    [35.36, 138.7307908],
    [35.35, 138.74],
    [35.34, 138.72],
    [35.36, 138.7307908]
]
```

上記のように終点が始点と一致する配列を渡してもLeafletは正しいポリゴンを描画します。

ポイント

・複数の頂点をつなぐことで図形を描画ができる

4-2-7 地図上に多くの図形を表示する

ピンの場合の同様に、表示するデータの数を増やしていきます。

レイヤ切り替えコントロールを実装する

その前に、Leafletの便利な機能を紹介しておきましょう。Leafletは、標準で表示レイヤを切り替えるための仕組みを備えています。リスト4-18のように、背景レイヤの辞書（baseLayers）をL.control.layersに与えるだけで、レイヤ切り替えコントロール（ユーザーインターフェイス）を実装できます。

*5 https://www.ogc.org/standards/sfa

●リスト4-18　Leafletによるレイヤ切り替え

```
// 背景地図データ
const baseLayers = {
    OpenStreetMap: L.tileLayer(
        'https://tile.openstreetmap.org/{z}/{x}/{y}.png',

        {
            maxZoom: 19,
            attribution:
                '&copy; <a href="http://www.openstreetmap.org/copyright">OpenStreetMap</
a> contributors',
        },
    ),
    地理院地図: L.tileLayer(
        'https://cyberjapandata.gsi.go.jp/xyz/std/{z}/{x}/{y}.png',
        {
            maxZoom: 18,
            attribution:
                '<a href="https://maps.gsi.go.jp/development/ichiran.html">地理院タイル
</a>',
        },
    ),
    空中写真: L.tileLayer(
        'https://cyberjapandata.gsi.go.jp/xyz/seamlessphoto/{z}/{x}/{y}.jpg',
        {
            maxZoom: 17,
            attribution:
                '<a href="https://maps.gsi.go.jp/development/ichiran.html">地理院タイル
</a>',
        },
    ),
};
map.addLayer(baseLayers['OpenStreetMap']); // OSMを初期表示

// レイヤー切り替えコントロール
const layersControl = L.control
```

```
    .layers(baseLayers, [], { collapsed: false })
    .addTo(map);
```

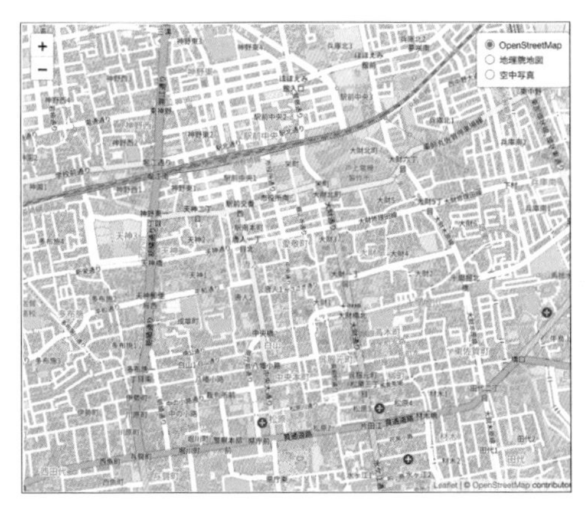

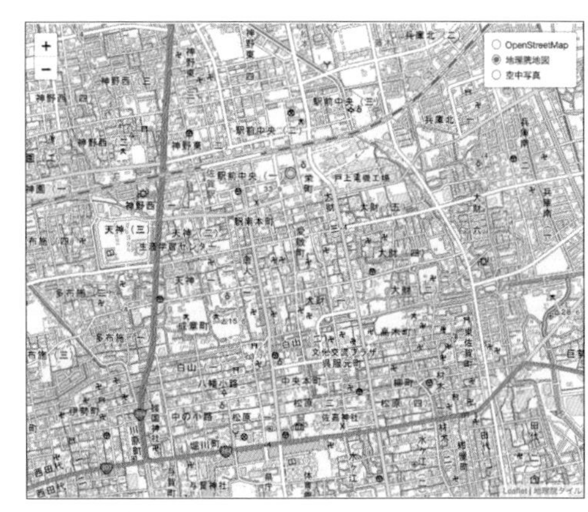

●図4-17　右上のラジオボタンで背景レイヤの切り替えが可能

背景レイヤはラジオボタンによって、いくつかあるうちの1つを選択できます。

本題に戻り、もっとたくさんの図形を描画していきましょう。今回は国土数値情報から、人口集中地区データ＊6（ポリゴン2,000件程度）と鉄道データ＊7（ライン2万件程度）を使います。いずれも、ダウンロードしたZipファイルを展開すると、GeoJSONファイルが得られます。

まずは人口集中地区データを読み込みます。GeoJSONは「4-2-5　地図上にもっと多くのピンを立てる」と同様の方法で読み込むことができます。ただし、今回用いるデータは人口に関するポリゴンデータなので、人口が多いと考えられるエリアを濃い色で表現してみましょう。

人口集中地区データには「人口」と「面積」のデータが含まれているので、これらから人口密度が求められそうです。

$$人口密度 = \frac{人口}{面積(km^2)}$$

また、この値を用いて透過度を調整したいところですが、透過度は0～1の間の値を取るため、上の式で得られた値を次のようにして正規化します。

＊6　https://nlftp.mlit.go.jp/ksj/gml/datalist/KsjTmplt-A16-v2_3.html
＊7　https://nlftp.mlit.go.jp/ksj/gml/datalist/KsjTmplt-N02-v3_0.html

$$透過度 = \frac{人口密度}{20000}$$

こうすることで、人口密度が0～20000の範囲で、透過度が0～1に対応する式が得られました。

これらから、人口集中地区GeoJSONを読み込む処理はリスト4-19のようになります。

●リスト4-19　人口集中地区を読み込む

```
fetch('./A16-15_00_DID.geojson') // 人口集中地区データ
    .then((res) => res.json())
    .then((json) => {
        // GeoJSONレイヤーを作成
        const polygon = L.geoJSON(json, {
            style: (feature) => ({
                color: 'red',
                stroke: false,
                // 人口を面積で割った値でポリゴンの濃さを変える
                fillOpacity:
                    feature.properties['人口'] /
                    feature.properties['面積'] /
                    20000,
            }),
        })
            // ポップアップで人口を表示
            .bindPopup(
                (layer) =>
                    '人口: ' + layer.feature.properties['人口'],
            )
            .addTo(map);
        // レイヤー一覧に追加
        layersControl.addOverlay(polygon, '人口集中地区');
    });
```

レイヤー一覧に「人口集中地区」が追加されるので、これを選択して表示してみましょう。

●図4-18　人口密集地を色分けしたコロプレス図

このように、色を塗り分けたポリゴンを重ねた地図を**コロプレス図**といいます。

また、GeoJSONレイヤを地図に追加したのち、`addOverlay()`を実行することによりレイヤ切り替えコントロールにオーバーレイ（`overlay`）を追加しています。背景レイヤ（`baseLayer`）とオーバーレイの違いは、背景レイヤはいくつかあるうちの1つのみを表示する一方、オーバーレイはいくつかあるうちの任意の数を重ねて表示できる点です。

続いて、鉄道データを表示してみましょう。GeoJSONを読み込む処理は、これまでと変わりありません。鉄道データには「事業者種別コード」という属性が含まれているので、これでラインの色や太さを調整してみましょう。

事業者種別コードは、国土数値情報の仕様によれば、次の表のような対応となっています。

●表4-1　鉄道の事業者種別コード

コード	対応する内容
1	JRの新幹線
2	JR在来線
3	公営鉄道
4	民営鉄道
5	第三セクター

出典：https://nlftp.mlit.go.jp/ksj/gml/codelist/InstitutionTypeCd.html

このコードと、ラインの色・太さの対応をリスト4-20のような辞書形式で定義します。

●リスト4-20　事業者種別コード別に色を塗り分ける

```
// 事業者種別コード別に色を塗り分ける
const colorDict = {
    1: 'green',
    2: 'blue',
    3: 'red',
    4: 'orange',
    5: 'purple',
};
// 事業者種別コード別に線の太さを書き分ける
const weightDict = {
    1: 10,
    2: 7,
    3: 4,
    4: 4,
    5: 4,
};
```

この辞書を用いて、次のようにGeoJSONを読み込みます。

●リスト4-21　JSONの読み込み

```
fetch('./N02-21_RailroadSection.geojson') // 鉄道データ
    .then((res) => res.json())
    .then((json) => {
        // GeoJSONレイヤーを作成
        const line = L.geoJSON(json, {
            style: (feature) => ({
                weight: weightDict[feature.properties.N02_002], // 事業者種別コードから
線の太さを得る
                color: colorDict[feature.properties.N02_002], // 事業者種別コードから線
の色を得る
            }),
        })
            // ポップアップで事業者名と路線名を表示
```

```
            .bindPopup(
                (layer) =>
                    layer.feature.properties.N02_004 +
                    '<br />' +
                    layer.feature.properties.N02_003,
            )
            .addTo(map);
        // レイヤー一覧に追加
        layersControl.addOverlay(line, '鉄道データ');
    });
```

事業者種別ごとに、線の色・太さが区別して描画されます。

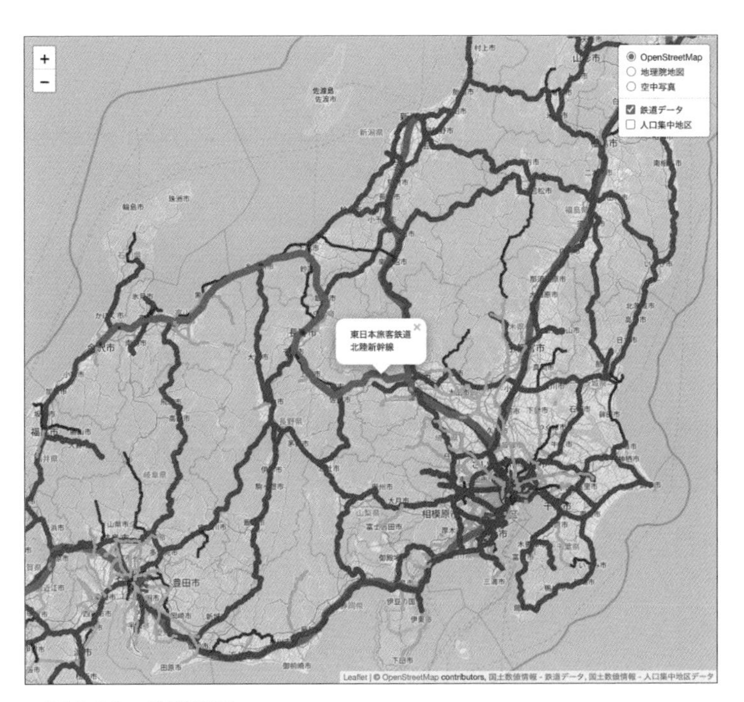

●図4-19　鉄道地図

これでGeoJSONを読み込んで多数の図形を描画することはできましたが、万単位の図形を描画しているため、おそらく動作が重たくなっているでしょう。マシンスペックによって許容できるデータ数には差がありますが、今回のデータはLeafletで扱える限界に近い数といえます。位置情報アプリケーションで気を配るべき三要素「通信量」「データ処理」「描画」で、描画にボトルネックが生じているということです。しかしながら、位置情報アプリケーションの世界では、これよりもさらに多いデータを扱うケースも多々あります。

こういった要件に対しては、LeafletではなくWebGLをベースとした地図ライブラリを選定すべきです（「コラム　地図ライブラリの選び方」を参照）。ここでは、MapLibre GL JSを用いて、同量のデータを表示しパフォーマンスの差を体感してみましょう。

MapLibre GL JSを用いて地図上に多くの図形を表示する

Leafletの導入と同様に、空のHTMLを作成し、CSSとJavaScriptを読み込みます。また、地図画面を埋め込むdiv要素を宣言しておきます。

リスト4-22　index.html

```
<!DOCTYPE html>
<html>
    <head>
        <title>サンプルタイトル</title>
        <!-- MapLibre GL JSを読み込み -->
       <script src="https://unpkg.com/maplibre-gl@2.4.0/dist/maplibre-gl.js"></script>
        <link
            href="https://unpkg.com/maplibre-gl@2.4.0/dist/maplibre-gl.css"
            rel="stylesheet"
        />
    </head>
    <body>
        <div id="map" style="height: 80vh"></div>
    </body>
</html>
```

MapLibre GL JSの地図を初期化します。ただし、MapLibre GL JSにはstyleという独特な概念があり、記法が大きく異なるため注意が必要です。

リスト4-23　MapLibre GL JSの地図を初期化

```
<body>
    <div id="map" style="height: 80vh"></div>
    <script>
        // MapLibreインスタンスを初期化
        const map = new maplibregl.Map({
            container: 'map',
```

```
        center: [137.1, 36.5],
        zoom: 4,
        style: {
            // MapLibre-Style
            version: 8,
            sources: {
                // 地図上で使うデータを定義する
                osm: {
                    type: 'raster', // ラスタータイル
                    tiles: [
                        'https://tile.openstreetmap.org/{z}/{x}/{y}.png',
                    ],
                    tileSize: 256, // タイルの解像度，デフォルトは512
                    maxzoom: 19,
                    attribution:
                        '&copy; <a href="http://www.openstreetmap.org/
copyright">OpenStreetMap</a> contributors',
                },
                polygon: {
                    type: 'geojson', // GeoJSON
                    data: './A16-15_00_DID.geojson',
                    attribution:
                        '<a href="https://nlftp.mlit.go.jp/ksj/gml/datalist/KsjTmplt-
A16-v2_3.html">国土数値情報 - 人口集中地区データ</a>',
                },
                line: {
                    type: 'geojson',
                    data: './N02-21_RailroadSection.geojson',
                    attribution:
                        '<a href="https://nlftp.mlit.go.jp/ksj/gml/datalist/KsjTmplt-
N02-v3_0.html">国土数値情報 - 鉄道データ</a>',
                },
            },
            layers: [
                {
                    id: 'osm-layer',
```

```
                source: 'osm', // 使うデータをsourcesのkeyで指定する
                type: 'raster', // データをどのように表示するか指定する
            },
            {
                id: 'polygon-layer',
                source: 'polygon',
                type: 'fill',
                paint: {
                    // Leafletの場合と同じような色表現とするための設定
                    'fill-color': [
                        'rgba', 255, 0, 0,
                       ['min', 1, ['/', ['/', ['get', '人口'], ['get', '面積']],
20000]],
                    ],
                },
            },
            {
                id: 'line-layer',
                source: 'line',
                type: 'line',
                paint: {
                    // Leafletの場合と同じような色表現とするための設定
                    'line-color': [
                        'case',
                        ['==', ['get', 'N02_002'], '1'], 'green',
                        ['==', ['get', 'N02_002'], '2'], '#00f', // blue
                        ['==', ['get', 'N02_002'], '3'], '#ff0000', // red
                        ['==', ['get', 'N02_002'], '4'], '#ffaa00', // orange
                        ['==', ['get', 'N02_002'], '5'], '#aa00ff', // purple
                        '#000000',
                    ],
                    'line-width': [
                        'case',
                        ['==', ['get', 'N02_002'], '1'], 10,
                        ['==', ['get', 'N02_002'], '2'], 7,
                        ['==', ['get', 'N02_002'], '3'], 4,
```

```
                    ['==', ['get', 'N02_002'], '4'], 4,
                    ['==', ['get', 'N02_002'], '5'], 4,
                    0,
                ],
            },
            layout: {
                'line-cap': 'round',
            },
        },
    ],
},
});
</script>
</body>
```

このコードで地図を表示してみましょう。

●図4-20　WebGLベースの鉄道地図

ほぼ同じ見た目・データ数の地図が、Leafletよりも遥かに高パフォーマンスで動作していることがわかります。これがWebGLベースの地図ライブラリの強みです。なお、styleについては「4-2-11　地図のスタイリング」で解説します。

ポイント

- Leafletでは描画パフォーマンスが低下してしまうようなデータ数であっても、WebGLベースの地図ライブラリなら高速に動作する

4-2-8 地図上にもっと多くの図形を表示する

「4-2-7　地図上に多くの図形を表示する」で用いたGeoJSONは、データ数が多いといってもファイルサイズは計78MBでした。これはウェブで扱うには大きいのですが、ギリギリで現実的なサイズ感といえます。しかし、位置情報の世界では数十MBは**非常に小さいデータ**といえ、遥かに大きいデータをウェブで快適に描画したいという需要があります。

たとえば、国土数値情報の行政区域データ（令和3年）をダウンロードしてみましょう。その中にGeoJSONが含まれているのですが、ファイルサイズは**688MB**です。とてもウェブで扱えるサイズではありません。繰り返し述べているように、位置情報アプリケーション開発では、通信量・データ処理・描画のパフォーマンスに留意する必要がありますが、ここでは通信量に明らかに問題があるといえます。

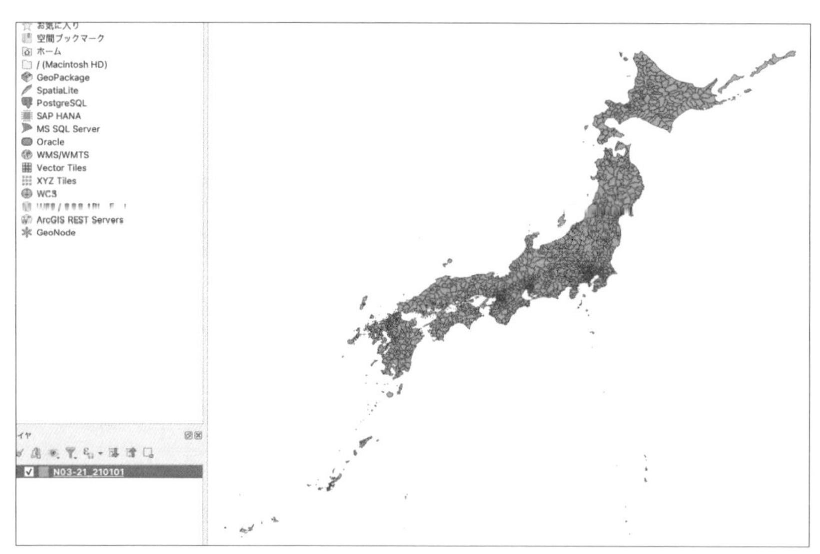

●図4-21　QGISで表示した行政区域（国土数値情報-行政区域データ。ポリゴン数121,158）

ここで用いるべきなのが**ベクトルタイル**技術です。688MBの巨大なベクトルデータもベクトルタイルに変換することで、ズームレベルごとに破綻のない見た目に**簡素化**しつつ、領域ごとに細かく**タイルに分割**することで、通信量を遥かに少なくすることができます。なお、ベクトルタイルは描画できる地図ライブラリが限られているので、技術選定の際に注意が必要です。本書では、引き続きMapLibre GL JSを用います。

ベクトルタイル化の手順は「3-5-6　ベクトルタイル化」で紹介しました。やや発展的な内容なので、変換が難しい場合は、サンプルコードをダウンロードして/01_basic/07_toomanyfigure/tilesフォルダをコピーすることもできます。このデータの生成コマンドだけを紹介しておきます。

●コマンド4-1　ベクトルタイル化のコマンド

```
#  N03-21_210101.geojsonをズームレベル0-8の範囲で、tilesディレクトリにタイル化するコマンド
tippecanoe -e tiles N03-21_210101.geojson -l admin -ab -z8 -pC -P
```

このベクトルタイルは、行政区域のポリゴンをadminというレイヤ名で保持します。ズームレベルは「0～8」の範囲で生成しました。最大ズームレベルが8というのは、元々のポリゴンの頂点精度に対しては物足りない値です。しかし、ズームレベルが1つ上がるとタイル数が4倍になるという関係から、サンプルコードとして配布する際に適当な値として8を設定しました。tippecanoeは、精度をなるべく維持するようなズームレベルを自動で設定する仕組みを持っているので、気になる場合はいろいろと試してみるとよいでしょう。

ベクトルタイルをtilesフォルダとして作成したら、index.htmlと同じディレクトリに配置しましょう。

MapLibre GL JSでは、タイルのURLはhttpから始まるフルパスである必要があるため、タイルパスを次のように定義しておきます。

●リスト4-24　MapLibre GL JSの地図を初期化

```
// タイルのURLはhttpから始まるフルパスである必要があるため、http~~/index.htmlのhttp://~~までを取得する
const path = location.href.replace('/index.html', '');
// ベクトルタイルが、このファイルからの相対パスで`./tiles`ディレクトリに保存されているとします
const vectortileUrl = `${path}/tiles/{z}/{x}/{y}.pbf`;
```

リスト4-24は、任意のウェブサーバーのパスに対応した書き方です。フルパスが自明なら、次のように書いても構いません。

●リスト4-25　MapLibre GL JSの地図を初期化（フルパス）

```
const vectortileUrl = `http://<index.htmlが配置されているパス>/tiles/{z}/{x}/{y}.pbf`;
```

ベクトルタイルを表示するコードは、次のようになります。

●リスト4-26　MapLibre GL JSの地図を初期化（フルパス）

```
const map = new maplibregl.Map({
    container: 'map',
    center: [137.1, 36.5],
    zoom: 4,
    style: {
        version: 8,
        sources: {
            osm: {
                type: 'raster',
                tiles: [
                    'https://tile.openstreetmap.org/{z}/{x}/{y}.png',
                ],
                tileSize: 256,
            },
            admin: {
                type: 'vector', // ベクトルタイル
                tiles: [vectortileUrl],
                maxzoom: 8,
            },
        },
        layers: [
            {
                id: 'osm-layer',
                source: 'osm',
                type: 'raster',
            },
            {
                id: 'admin-layer',
                source: 'admin',
                'source-layer': 'admin', // ベクトルタイル内のレイヤー名を指定する
```

```
                type: 'fill',
                paint: {
                    'fill-color': '#fa0',
                    'fill-opacity': 0.5,
                    'fill-outline-color': '#00f',
                },
            },
        ],
    },
});
```

sourcesでは、ベクトルタイルは「type: 'vector'」と宣言することが重要です（OSMのラスタータイルは「type: 'raster'」であることを思い出しましょう）。また、sourcesでは**地図上で使用されうるデータ**を定義し、**どのように描画するか**は定義しません。

●リスト4-27　行政区域のレイヤ定義部分

```
{
    id: 'admin-layer',
    source: 'admin', // sourcesで定義したうち、このlayerで用いるデータのkeyを指定する
    'source-layer': 'admin', // ベクトルタイル内のレイヤー名を指定する
    type: 'fill', // データをどのように描画するか指定する: ここではポリゴン(fill)として
描画する
    paint: {
        'fill-color': '#fa0', // ポリゴンの色
        'fill-opacity': 0.5, // ポリゴンの透過度
        'fill-outline-color': '#00f', // ポリゴンの外周線の色
    },
},
```

sourcesで定義したデータをどのように描画するかは、layersで定義します。リスト4-27では、sourcesで定義したベクトルタイルデータを、「type: 'fill'」として描画することを宣言しています。OSM背景は「type: 'raster'」であることに留意しましょう。他にも多くのtypeがあるため「4-2-11　地図のスタイリング」で実例とともに解説します。

この状態でウェブブラウザで表示してみましょう。

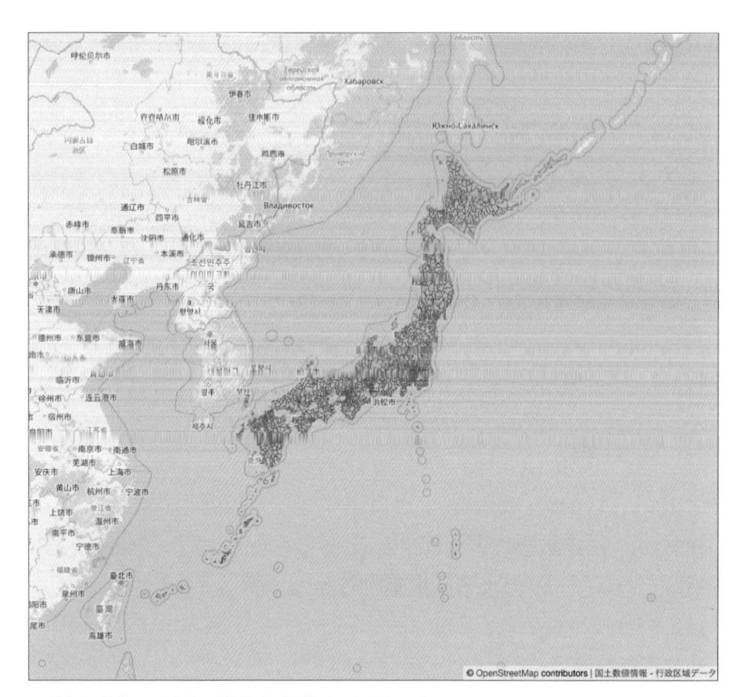

●図4-22　大量の地物も軽快に表示できる

●図4-23　ズームしても図形の精密さは損なわれない

あれだけ大きなデータであったにもかかわらず、パフォーマンスの低下がまったく発生せずに、高い品質でポリゴンが描画されていることがわかります。

せっかく行政区域を表示したので、クリックしたポリゴンの自治体名などを表示する機能を実装してみましょう。地図クリックのイベントは次のようにして取得できます。

●リスト4-28 地図クリックのイベントを取得

```
map.on('click', (e) => {
    alert('clicked!')
});
```

リスト4-28をベースにして、クリック地点にあるデータの取得は、次のように実装できます。

●リスト4-29 クリック地点の地物の情報を取得

```
// クリック地点の地物の情報を取得する処理
map.on('click', (e) => {
    // "admin-layer"から、クリック地点にある地物全てを取得する
    const features = map.queryRenderedFeatures(e.point, {
        layers: ['admin-layer'],
    });
    if (features.length === 0) return; // クリック地点に地物が存在しない場合は処理を終
了

    const feature = features[0];
    alert(
            `${feature.properties.N03_007}: ${feature.properties.N03_001}${feature.
properties.N03_004}`,
    ); // 市町村コード: 都道府県名市町村名
});
```

ポイントは、queryRenderedFeatures()という関数を用いることと、この関数で得られるデータは常に配列であるということです。自治体ポリゴン同士が重なることはないため、今回のケースでは複数のデータが検出されることはありませんが、一度に複数の地物を拾うことも可能です。また、今回は検出対象のレイヤは1つですが、複数のレイヤに対してデータの抽出を実行することもできます。

このコードをウェブブラウザで確認してみましょう。

●図4-24　クリック後にはアラートが表示される

ポリゴンをクリックすると、その自治体の名称などがアラートで表示されることがわかります。

ポイント

- ファイルサイズが大きい位置情報データは通信量が問題となる
- ベクトルタイル技術は通信量の問題をとてもよく解決する
- ベクトルタイルのデータでもクリックイベントを実装することができる

発展

- ベクトルタイル化せずにGeoJSONを読み込むと、どのようになるかを試してみましょう
- tippecanoeに異なるパラメータを与えて、ベクトルタイルを作成してみましょう
- ベクトルタイル以外のデータでもクリックイベントを実装してみましょう

4-2-9 地図上に画像を表示する

ここから2つのテーマとして、ラスターデータ（画像）に焦点を当てます。まずは、ウェブで一般的に扱えるサイズの画像を地図上に表示する実装を解説していきます。LeafletとMapLibre GL JSのそれぞれについて説明します。

表示する画像は、地理院タイルのうち、空中写真の富士山と琵琶湖の周辺を切り出した画像です。ファイルサイズは大きいほうが10.4MBと、やや大きめですが十分にウェブで扱えるサイズです。

●図4-25　地理院タイル空中写真-富士山周辺

●図4-26　地理院タイル空中写真-琵琶湖周辺

この画像は単なるJPEGファイルなので、位置情報は持っていません。したがって、地図上に表示する際は、この画像が表す領域を調べておく必要があります。今回の画像の領域は、次のように表されます（それぞれの値は、「左下経度, 左下緯度, 右上経度, 右上緯度」を意味します）。

・富士山周辺

```
138.6212919295209929, 35.2906143398424206, 138.8426007912885041,
35.4299751815481514
```

・琵琶湖周辺

```
135.596438368833077, 34.9281476305997742, 136.5823028110609414,
35.5498836025608185
```

この位置をもとに、LeafletとMapLibre GL JSで、画像を表示してみましょう。

Leafletに画像を表示する

●リスト4-30　Leafletで画像を表示する

```
// 画像を、左下・右上の位置を指定して追加する
const imageLayer = L.imageOverlay(
    './mtfuji.jpg',
```

```
    [
        [35.2906143398424206, 138.6212919295209929],
        [35.4299751815481514, 138.8426007912885041],
    ],
    { opacity: 0.7 },
);
map.addLayer(imageLayer);
```

●図4-27　Leafletによる富士山画像の表示

MapLibre GL JSに画像を表示する

まずはsourcesで画像データを定義します。

●リスト4-31　画像データを定義する

```
lakebiwa: {
    type: 'image',
    url: './lakebiwa.jpg',
    coordinates: [
        [135.596438368833077, 35.5498836025608185], // 左上経度・緯度
        [136.5823028110609414, 35.5498836025608185], // 右上経度・緯度
        [136.5823028110609414, 34.9281476305997742], // 右下経度・緯度
        [135.596438368833077, 34.9281476305997742], // 左下経度・緯度
```

```
    ],
},
```

このsourceを描画するlayerを定義します。

●リスト4-32　画像データを表示するレイヤを定義する

```
{
    id: 'lakebiwa-layer',
    source: 'lakebiwa',
    type: 'raster',
    paint: {
        'raster-opacity': 0.7,
    },
}
```

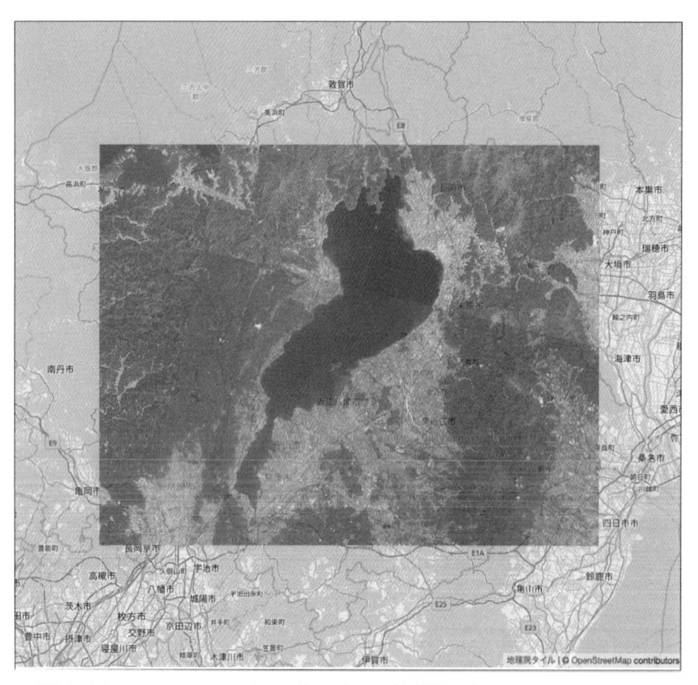

●図4-28　MapLibre GL JSによる琵琶湖の表示

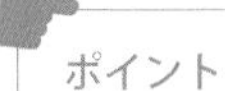

ポイント

- 画像データと、その画像が示す領域がわかっていれば、画像を地図上に簡単に表示することができる

発展

- 指定する座標を変更すると表示がどのように変わるか試してみましょう

4-2-10 地図上に大きな画像を表示する

「4-2-9　地図上に画像を表示する」で扱った画像データは、せいぜい10MB程度の画像1枚だったので、そのまま地図上に表示することができました。しかし、これが世界地図ならどうでしょうか。たとえばNatural Earthでは世界地図のラスターデータを公開しているので、試してみましょう。

まずは、Natural Earthのダウンロードページから、「Large scale data, 1:10m」の「Raster」を開きます。

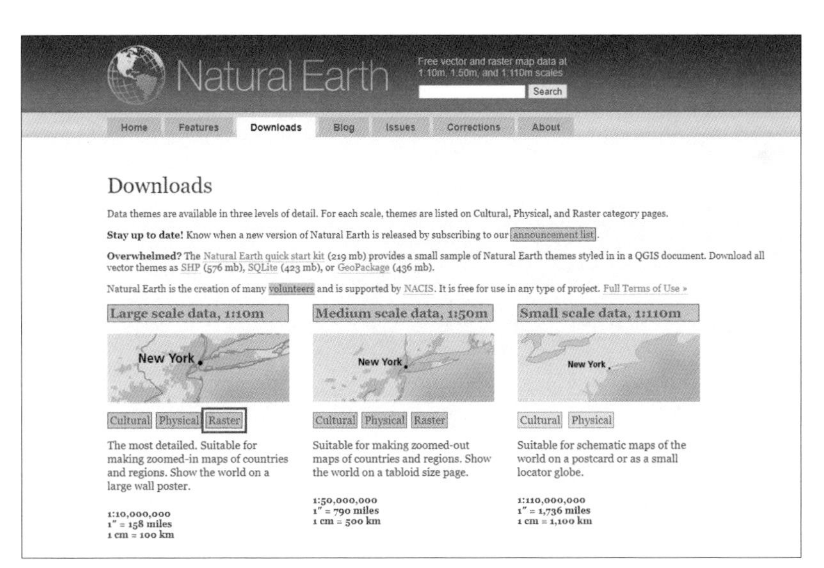

●図4-29　Natural Earthのダウンロードページ（https://www.naturalearthdata.com/downloads/）

さらに「Natural Earth 2」を開きます。

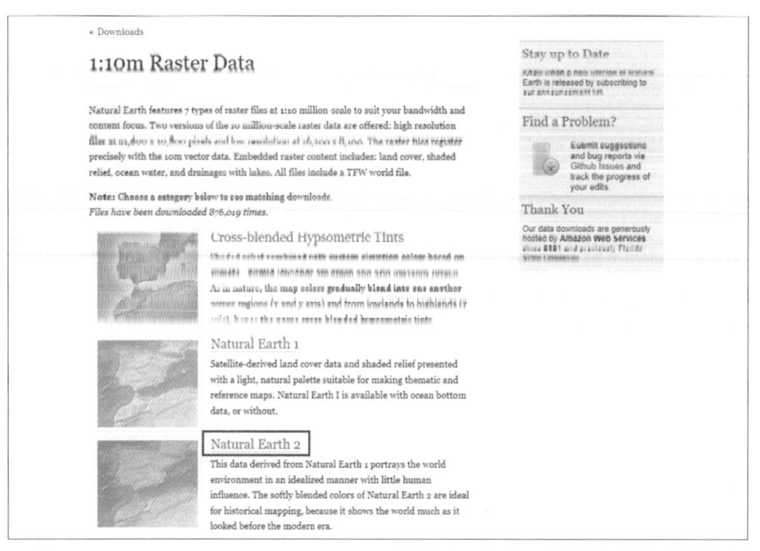

●図4-30　ラスターデータの「Natural Earth 2」を選択

「Natural Earth II with Shaded Relief and Water」の「Download large size」をクリックし、ファイルをダウンロードします。

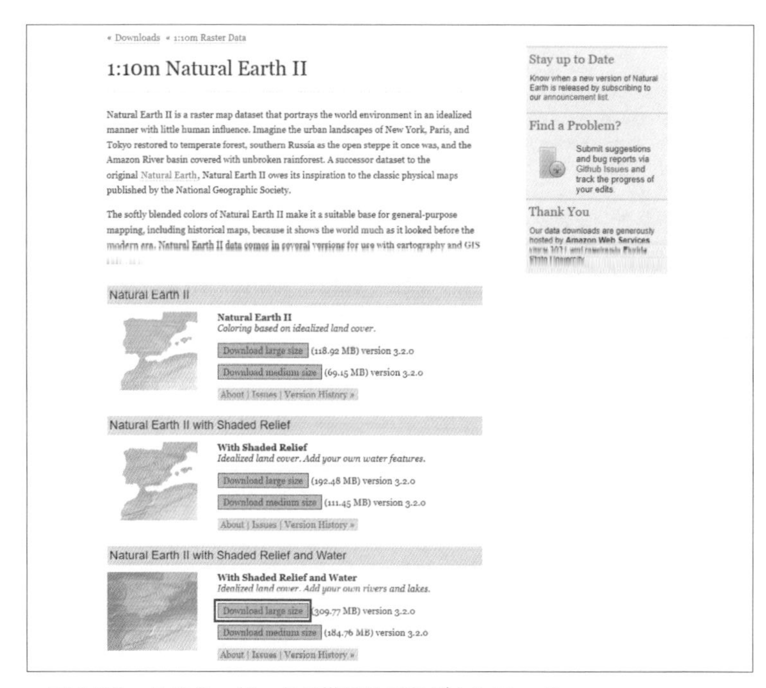

●図4-31　ラスターデータの世界地図をダウンロード

ダウンロードしたZipファイルを展開すると`NE2_HR_LC_SR_W.tif`が得られるのでQGISで確認してみましょう。

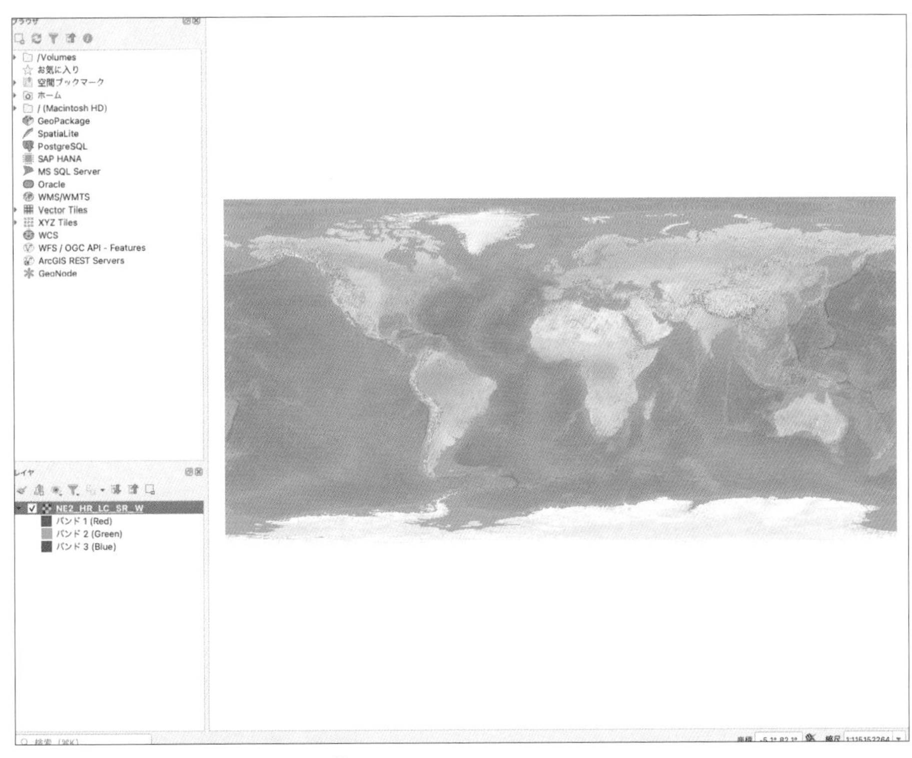

●図4-32　Natural Earthの画像

このTIFF画像の解像度は**21,600×10,800ピクセル**で、PNG形式に変換した際のファイルサイズは**236.4MB**です。とてもウェブで扱えるサイズではないことは明らかです（しかし、位置情報の世界では小さいほうなのです）。こういった場合には、事前に**地図タイル化**することが最も有効な解決策です。「ラスタータイル化」で紹介した手順で、地図タイルを作成します。

Natural Earthの世界地図をタイル化

今回は、ズームレベル0～5でタイルを作成しました。でき上がった`tiles`フォルダは、`index.html`と同じディレクトリに移動しておきます。あとは、これまでと同様に地図タイルを表示するだけです。ここではMapLibre GL JSで表示してみます。

●リスト4-33 Natural Earthの世界地図のタイル化（ラスタータイルが、このファイルからの相対パスで./tilesディレクトリに保存されているとします）

```
$1 rastertileUrl = `${location.href.replace('/index.html', '')}/tiles/{z}/{x}/{y}.
png`;

$1 map = new< maplibregl.Map({
    container: 'map',
    center: [136.0881, 35.2406],
    zoom: 0,
    style: {
        version: 8,
        sources: {
            // 作成したラスタータイルのsourceを定義
            naturalearth: {
                type: 'raster',
                tiles: [rastertileUrl],
                tileSize: 256,
                maxzoom: 5,
                attribution:
                    '<a href="https://www.naturalearthdata.com/">Natural Earth</a>',
            },
        },
        layers: [
            // 作成したラスタータイルのsourceを用いるlayerを定義
            {
                id: 'naturalearth-layer',
                source: 'naturalearth',
                type: 'raster',
            },
        ],
    },
});
```

ウェブブラウザで表示を確認します。

●図4-33　Natural Earthタイル

あれだけ大きかった画像も、ズームレベルごとに適切な解像度に縮小し、領域ごとに細かくタイルに分割することで、通信量を抑えながら綺麗に表示することができました。

今回はオリジナルの画像の解像度が20,000×20,000ピクセル程度だったため、ズームレベルは5までで十分な画質が得られました。しかし世間一般のラスタータイルはもっと高いズームレベルまで、たとえば地理院タイルは18まであります。ズームレベルが1上がるとタイル数は4倍になるため、高ズームレベルではタイル数が膨大になることは第2章でも述べたとおりです $\left(総タイル数=\frac{4^z - 1}{3}\right)$。

Natural Earthの例で考えると、ズームレベル5では総タイル数は341枚で済みますが、7だと5,461枚、10だと349,525枚です。あらかじめタイルを作成しておくといっても、これだけのファイル数を作成し配置・配信することに大きなコストがかかることは明らかです。ファイル数が多いとコストが大きいことはベクトルタイルでも同様ですが（タイルインデックスの仕組みは同様であるため）、一般にラスタータイルのほうが作成にコストがかかり、描画品質を保つためにはベクトルタイルの場合よりも高いズームレベルのタイルを必要とするため*8、タイル作成のコストはラスタータイルのほうが深刻な問題となります。

＊8　ラスタータイルはタイル画像の解像度が256×256ピクセルあるいは512×512ピクセルだが、ベクトルタイルがタイル内で保持する座標平面の格子点は4,096×4,096ピクセルであり、同等のズームレベルではベクトルタイルの方が遥かに細かい形状を表現できる。

ポイント

- ウェブで扱うには大きすぎる画像は、事前にタイル化することで、見た目を維持したまま通信量を抑えて配信することができる
- タイル数はズームレベルが1つ上がるごとに4倍になるため、タイル作成にかかるコストには注意が必要

実践

- Natural Earthのタイルをズームレベル7まで作ると見た目がどうなるか、処理時間やファイル数が5のときと比べてどうなるか、試してみましょう。

4-2-11 地図のスタイリング

入門編の最後は、地図のスタイリングについて学びます。地図のスタイルとは、図形の色や線の太さから文字まで、地図に何をどう表示するかをデザインすることといえます。

ベクトルタイル技術およびWebGLベースの地図ライブラリ（Mapbox GL JS）の登場以前は、本格的な地図スタイリングはサーバーサイドで行っていました。事前に作成したスタイルに沿ってベクトルデータをサーバー上で画像としてレンダリングし、画像として配信するわけです。当時のウェブブラウザは非力で、大量の位置情報データをリアルタイムにレンダリングすることは不可能でした（Leafletの例を思い出しましょう）。WebGLは、ウェブブラウザに高パフォーマンスなレンダリング性能を、ベクトルタイルは高効率なベクトルデータの配信を、それぞれもたらしました。このことが地図レンダリングをクライアントサイドで行うというパラダイムシフトを起こし、地図スタイリングがより簡単で一般的なものとなりました。

ウェブ地図スタイリングの特徴

ウェブ地図のスタイリングで特にユニークなのは、ズームレベルという概念の存在です。紙の地図では（ある意味で）ズームレベルは固定であり、1つの地図上にどの情報をどのように載せるかがスタイリングといえます。一方、ウェブ地図では、このことに加えて、ズームレベルごとに表示すべき情報が異なるという点が、スタイリングをより複雑に、おもしろいものにしています。たとえば、ウェブ地図で日本列島を表示したときに、すべての市区町村名が表示されたら、間違いなく見づらい地図になるでしょう。

●図4-34 日本地図に、すべての自治体名を表示する。低いズームレベルでは非常に見づらい

このように、ズームレベルに応じて表示すべき位置情報を出し分けることが、ウェブ地図では非常に重要です。また、ズームレベルは整数値未満の単位でも変化するので、ズームレベルの変化に応じて表示がスムーズに切り替わるような地図スタイリングも可能です。

MapLibre GL JSで地図スタイリングを学ぶ

MapLibre GL JSには、**Style Specification**という独特の概念があります。この`style`は、まさに地図スタイルのことを示しており、地図上に何をどう表示するかのすべてが定義されています。`style`は、最も単純には次のように定義できます。

●リスト4-34　MapLibre GL JSのstyleの定義

```
const style = {
    version: 8, // 定数
    sources: {},
    layers: []
}
```

これは何も表示しないスタイルです。versionはStyle Specificationのバージョンを示しています。sourcesとlayersが特に重要で、それぞれの意味合いは次のようになります。

- sourceは地図上で使用されうるデータのことで、sourcesは複数のsourceを持つ
- layerはどのsourceをどのように描画するかを表現し、layersは任意の数のlayerを持つ

したがって、たとえば次のように、sourcesだけが定義されたstyleでは何も表示されません。

●リスト4-35　sourcesだけが定義されたstyleの例

```
const style = {
    version: 8, // 定数
    sources: {
        osm: {
            type: 'raster',
            tiles: [
                'https://tile.openstreetmap.org/{z}/{x}/{y}.png',
            ],
            tileSize: 256,
            maxzoom: 18,
            attribution:
              '&copy; <a href="http://www.openstreetmap.org/copyright">OpenStreetMap</
a> contributors',
        },}
    ,
    layers: []
}
```

sourcesは「地図上で使用され得るデータ群」であり、描画はlayersで定義するためです。このosmというsourceを描画するlayerを定義します。

リスト4-36 layerの定義

```
layers: [
{
    id: 'osm-layer',
    source: 'osm', // 使うデータをsourcesのkeyで指定する
    type: 'raster', // データをどのように表示するか指定する
},
```

このlayerは「id=osm-layer」として定義され、source=osmを、type=rasterとして描画する」という意味を持ちます。idはlayers内でユニークである必要があり、指定したsource（この場合はosm）は必ずsourcesで定義されている必要があります。

一見すると、ただ面倒な定義と思えるかもしれませんが、データと描画を分離したこの仕組みが強力で、1つのデータを複数の方法で描画するときに大きな効果を発揮します。ここからは、ちょっとした地図スタイリングに取り組んでみましょう。

地図スタイリングに取り組む

これまで使ってきたデータを用いて、地図スタイリングをしてみます。今回は日本地図（行政区域データ）の上に、学校データを重ねて、ズームレベルごとに別々の表現となるようなスタイルを作成します。

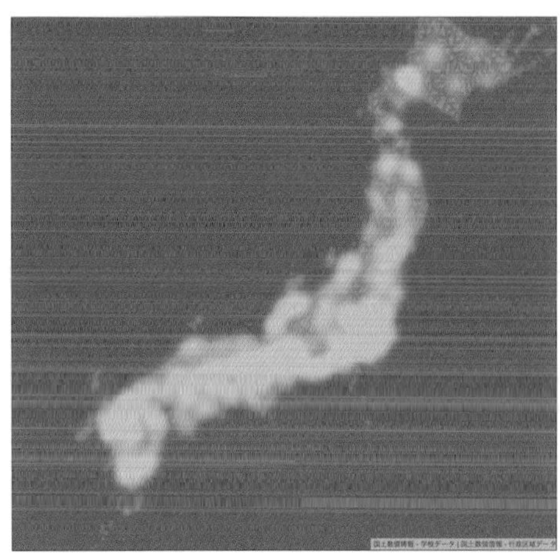

低ズーム

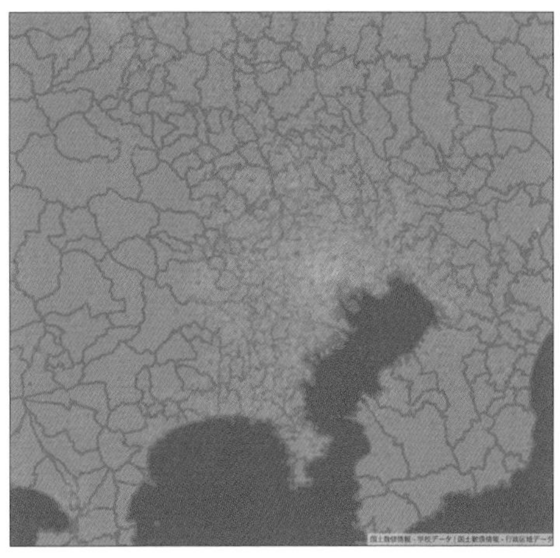

中ズーム

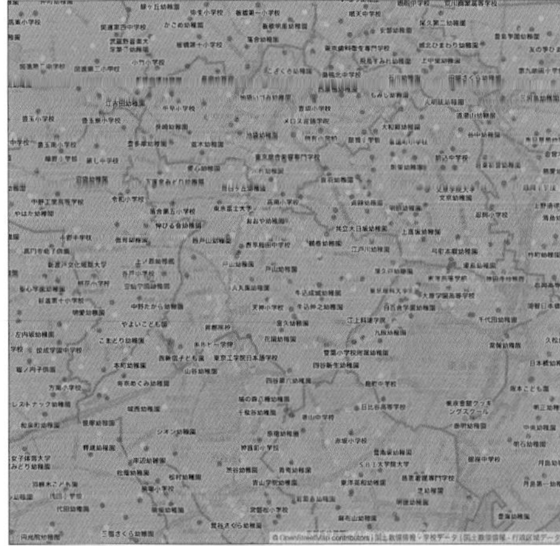

高ズーム

●図4-35　日本地図に学校データを重ねて表示する

ここでは、行政区域データ（ベクトルタイル：adminフォルダ）、学校データ（GeoJSON：P29-21.geojson）を用いるため、それぞれindex.htmlと同じディレクトリに保存します。

用いるデータはsourcesで定義するため、次のようになります。

●リスト4-37　利用するデータをsourcesとして定義

```
style: {
    version: 8,
    sources: {
        osm: {
            type: 'raster',
            tiles: [
                'https://tile.openstreetmap.org/{z}/{x}/{y}.png',
            ],
            tileSize: 256,
            maxzoom: 18,
            attribution:
              '&copy; <a href="http://www.openstreetmap.org/copyright">OpenStreetMap</
a> contributors',
        },
        admin: {
            type: 'vector',
            tiles: [
                `${location.href.replace('/index.html', '')}/admin/{z}/{x}/{y}.pbf`,
            ],
            maxzoom: 8,
            attribution:
                '<a href="https://nlftp.mlit.go.jp/ksj/gml/datalist/KsjTmplt-N03-v3_1.
html">国土数値情報 - 行政区域データ</a>',
        },
        school: {
            type: 'geojson',
            data: './P29-21.geojson',
            attribution:
                '<a href="https://nlftp.mlit.go.jp/ksj/gml/datalist/KsjTmplt-P29-v2_0.
html">国土数値情報 - 学校データ</a>',
        },
```

```
    },
```

次にlayerを定義していきますが、まずは背景色を設定してみましょう。

●リスト4-38　背景色のlayer定義

```
{
    // 背景色
    id: 'background',
    type: 'background',
    paint: {
        'background-color': '#555', // グレー
    },
}
```

「type=background」のlayerは、sourceを必要としないので省略できます。画面をグレー一色に塗りつぶすlayerです。

続いて、OSMの地図タイルを表示するlayerを定義します。ただし、OSM地図は高ズームレベルのみで表示されることとし、かつズームするほど透過度が上がる（表示が濃くなっていく）ように定義します。

●リスト4-39　OSM地図のlayer定義

```
{
    id: 'osm-layer',
    source: 'osm',
    type: 'raster',
    minzoom: 10,
    paint: {
        'raster-opacity': [
            // ズームレベルに応じた透過度調整
            'interpolate', // 補間処理
            ['linear'], // 線形で補間
            ['zoom'], // ズームレベル間の補間
            10, // ズームレベル10のときに
            0, // 透過度0%（透明）
            14, // ズームレベル14のときに
            0.7, // 透過度70%
```

```
        ],
    },
}
```

ここで、interpolateというキーワードにより、ズームレベル間の透過度を**補間**できます。このraster-opacityの記述は､「ズームレベル10では透過度は0で､ズームレベル14では0.7､その間は線形で補間する」ということを意味します。これはStyleExpression＊9と呼ばれる独自文法です。本書では、そのすべてを説明することはできませんが、理解できると柔軟な地図表現が可能となる非常に強力な概念です。

この状態をウェブブラウザで確認してみましょう。ズームしていくと、徐々にOSM地図が表示されることがわかります。

続いて、行政区域データのlayerを定義します。

●リスト4-40　行政区域のlayer定義

```
{
    id: 'admin-layer',
    source: 'admin',
    'source-layer': 'admin',
    type: 'fill',
    paint: {
        'fill-color': '#6a3',
        'fill-opacity': [
            'interpolate',
            ['linear'],
            ['zoom'],
            10, // ズームレベル10のときに
            0.7, // 透過度70%
            14, // ズームレベル10のときに
            0.3, // 透過度30%
        ],
    },
},
```

＊9　https://maplibre.org/maplibre-gl-js-docs/style-spec/expressions/

layer=osm-layerとほぼ同じ記法で、fill-opacityは「ズームレベル10では透過度は0.7で、ズームレベル14では0.3、その間は線形で補間する」という意味です。この状態をウェブブラウザで確認すると、ズームしていくとポリゴンが薄くなることがわかります（同時にOSMが濃くなる）。

ただ、せっかく行政区域のポリゴンを表示しているのに境界線が見づらいという問題があります。「4-2-8　地図上にもっと多くの図形を表示する」の場合は、fill-outline-colorを指定することで、外周線の色を目立つようにしましたが、それでも線が細すぎて見やすくはありませんでした。しかし、type=fillのlayerは外周線の太さを変更できません。ここで有効なのが、adminというポリゴンをtype=lineとして描画するという手法です。

● リスト4-41　行政区域ポリゴンをラインとして表示するlayer定義

```
{
    // ポリゴンデータをlineとして描画することも出来る
    id: 'admin-outline-layer',
    source: 'admin',
    'source-layer': 'admin',
    type: 'line',
    paint: {
        'line-color': '#373',
        'line-width': 4,
    },
},
```

このレイヤは、ポリゴンの外周線だけを描画します。type=lineのlayerであれば線の太さをline-widthで定義できるため、外周線を太くできます。

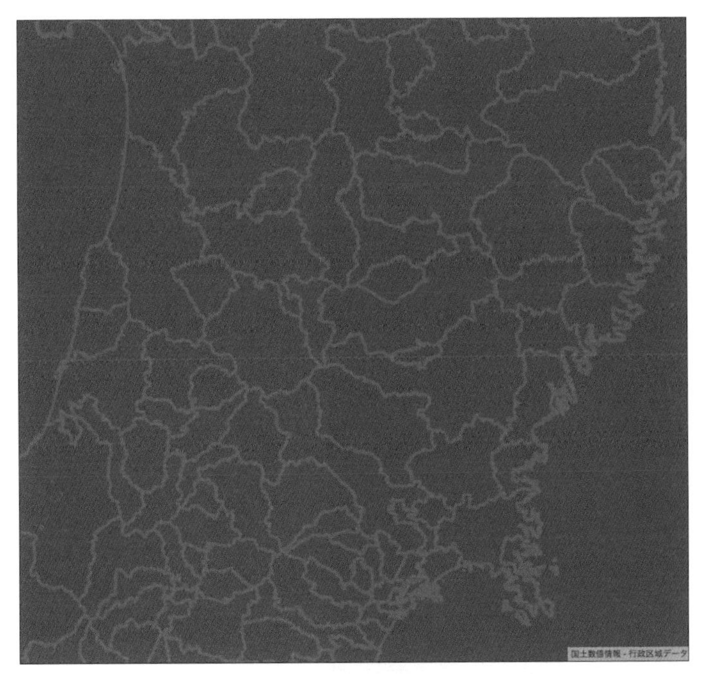

●図4-36 ポリゴンの外周線だけを描画する

ここで重要なのは、**1つのsourceを用いて、複数の表現方法（layer）を定義できる**ということです。

最後に、学校データのlayerを定義します。学校データは、低ズームレベルでは地物の密度を表現するヒートマップ、高ズームレベルでは学校種別で色分けした点を、それぞれ表示してみましょう。

まずはヒートマップを表示します。

●リスト4-42 学校の位置をヒートマップとして表示するlayer定義

```
{
    id: 'school-heatmap-layer', // 低ズームレベルでは、学校の位置情報をヒートマップとして表示
    source: 'school',
    type: 'heatmap',
    maxzoom: 12, // ズームレベル12までしか表示しない
    paint: {
        'heatmap-weight': 0.01, // ポイントひとつあたりの重み
        'heatmap-opacity': 0.7,
    },
```

```
},
```

ヒートマップは、その性質上、ズームすればするほど色が薄くなっていくので、ズームレベルに応じた透過度調整は、ここでは不要です。

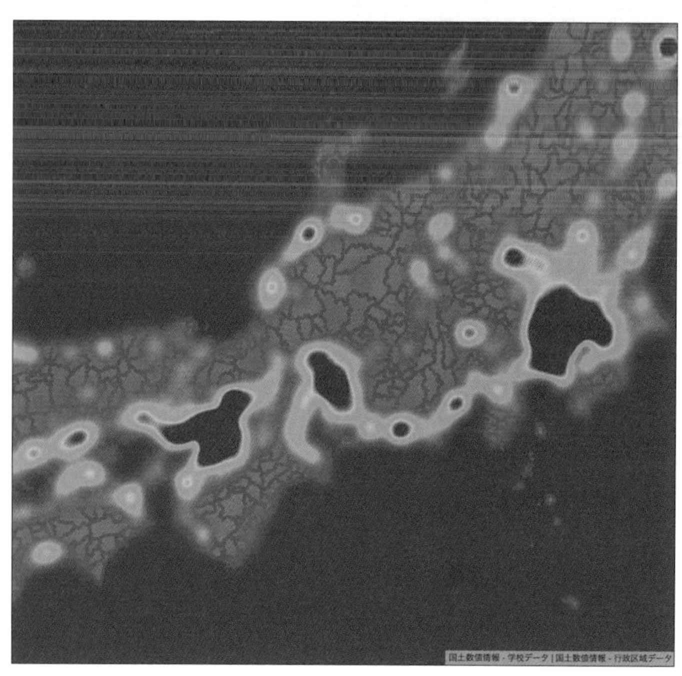

●図4-37　学校データのヒートマップ表示

ヒートマップにより、点が密集している場所が一目でわかるようになりました。ただし、デフォルトだと色がややビビッド過ぎるので、オレンジ形でグラデーションさせましょう。

●リスト 4-43　ヒートマップの色味を調整

```
{
    id: 'school-heatmap-layer', // 低ズームレベルでは、学校の位置情報をヒートマップとして表示
    source: 'school',
    type: 'heatmap',
    maxzoom: 12,
    paint: {
        'heatmap-weight': 0.01, // ポイントひとつあたりの重み
        'heatmap-opacity': 0.7,
```

```
        'heatmap-color': [
            'interpolate',
            ['linear'],
            ['heatmap-density'],
            0, // 重み0のときは
            'rgba(0, 0, 0, 0)', // 透明
            0.5, // 重み0.5のときは
            'rgba(255, 200, 0, 1)', // オレンジ色に
            1.0, // 重み0.5のときは
            'rgba(255, 240, 200, 1)', // 白に近いオレンジ色に
        ],
    },
},
```

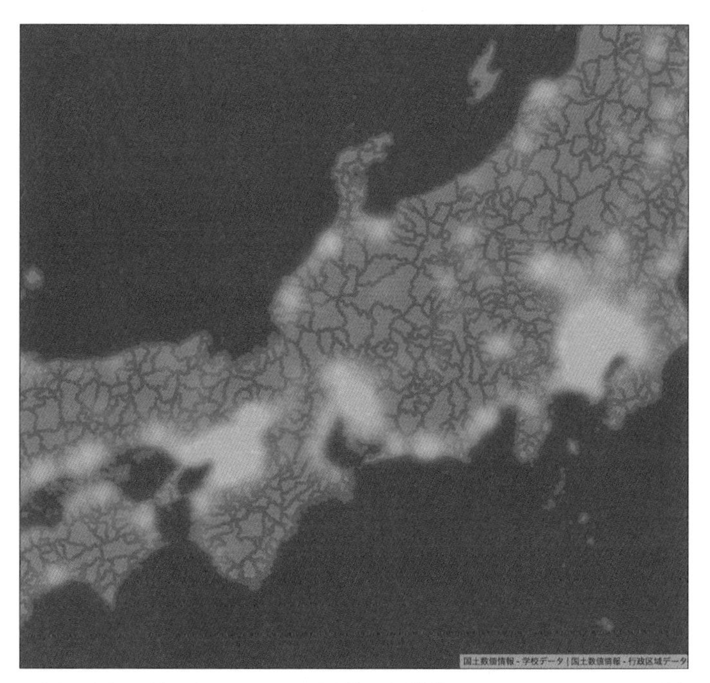

●図4-38 グラデーションを調整した学校データのヒートマップ表示

さっきより目に優しい、発光してるような見た目になりました。
次に高ズーム時の「学校種別で色分けした点」のlayerを定義します。

●リスト4-44　学校の位置を点として表示するlayer定義

```
{
    id: 'school-circle-layer', // 高ズームレベルでは、学校を点で表示
    source: 'school',
    type: 'circle',
    minzoom: 8,
    paint: {
        'circle-color': [
            // アイコンの色を属性値によって塗り分ける
            'interpolate',
            ['linear'],
            ['get', 'P29_003'], // P29_003は学校種別コードを示す
            16001, '#f00', // 小学校は赤
            16002, '#0f0', // 中学校は緑
            16003, '#0f0', // 中等教育学校も緑
            16004, '#00f', // 高校は青
            16005, 'orange', // その他はオレンジ
        ],
    },
}
```

ウェブブラウザで確認します。

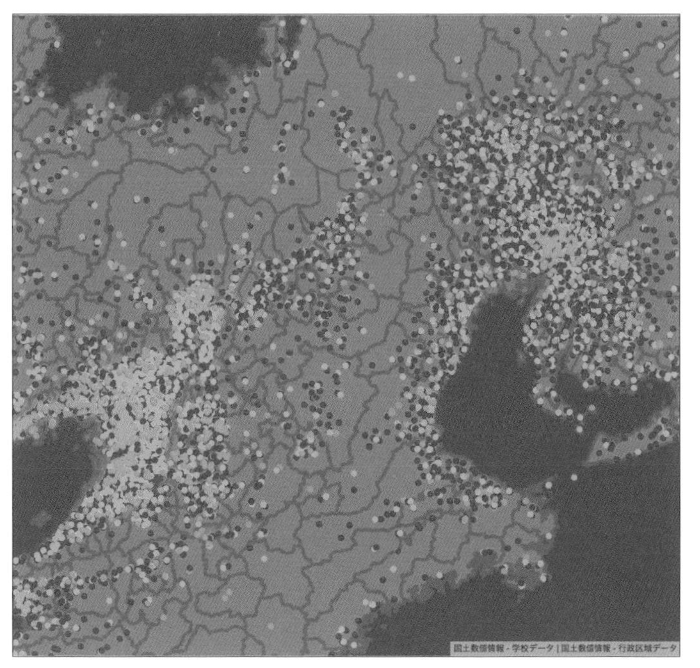

●図4-39 高ズーム時に学校種別で色分けした表示

学校種別で塗り分けられていることがわかります。しかし、ヒートマップから点に表示が切り替わる際、いきなりカラフルな点がたくさん表示されて、あまり美しくありません。ズームしていくにつれて自然に点が現れるように、ズームレベルに応じて透過度が高くなるように工夫しましょう。

●リスト4-45 属性に応じて点を塗り分ける

```
{
    id: 'school-circle-layer', // 高ズームレベルでは、学校を点で表示
    source: 'school',
    type: 'circle',
    minzoom: 8,
    paint: {
        'circle-color': [
            // アイコンの色を属性値によって塗り分ける
            'interpolate',
            ['linear'],
            ['get', 'P29_003'], // P29_003は学校種別コードを示す
            16001, '#f00', // 小学校は赤
```

```
                16002, '#0f0', // 中学校は緑
                16003, '#0f0', // 中等教育学校も緑
                16004, '#00f', // 高校は青
                16005, 'orange', // その他はオレンジ
            ],
            'circle-opacity': [
                'interpolate',
                ['linear'],
                ['zoom'],
                8, // ズームレベル8のときに
                0, // 透過度0%
                9, // ズームレベル9のときに
                0.1, // 透過度10%
                14, // ズームレベル14のときに
                1, // 透過度100%
            ],
        },
}
```

この状態で画面を確認し、地図をズームしていくと、スムーズにヒートマップから点に切り替わるようになりました。

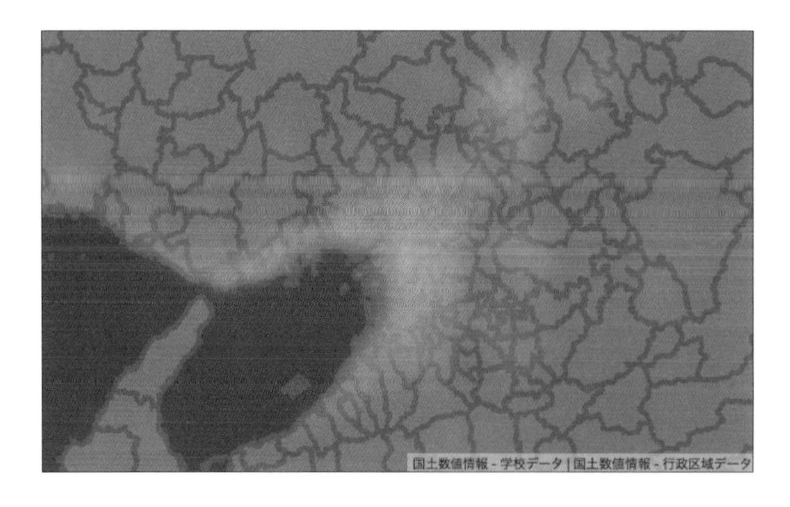

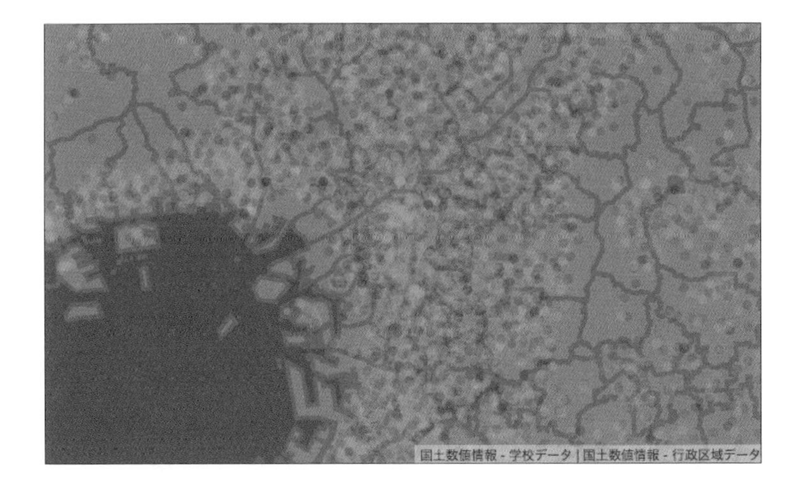

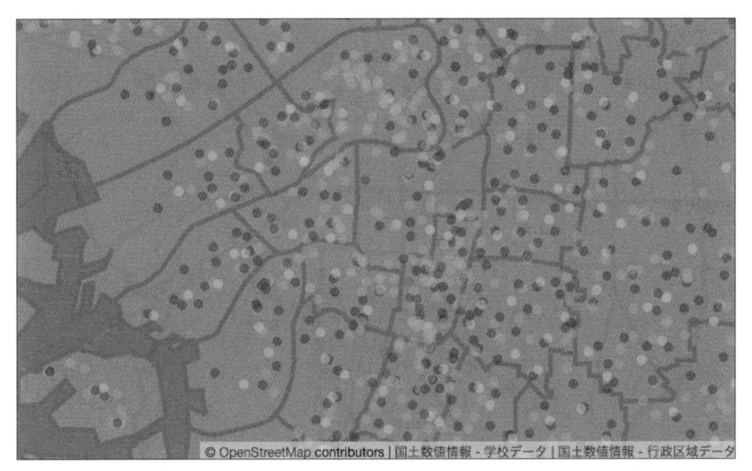

●図4-40　ズームするに連れて、ヒートマップから点に切り替わる

せっかく学校データの属性には名称が含まれているので、テキストとして地図上に表示してみましょう。

MapLibre GL JSでは、美しいフォントレンダリングのために、**glyph（グリフ）**という特殊な仕組みを採用しています。glyphは一般的なフォントファイルから作成することができますが、その手法の紹介は本書の領域を超えてしまうため[*10]、今回はサンプルコードに含まれている`fonts`フォルダ[*11]を用います。`fonts`フォルダは`index.html`と同じディレクトリに配置します。`fonts`に含まれているフォントは次のとおりです。

＊10　MapLibra用フォントファイルを生成するためのアプリケーションとして「font-maker」（https://github.com/maplibre/font-maker）などがある。

＊11　https://.com/Kanahiro/location-tech-sample-v1/tree/main/01_basic/10_styling/fonts

- Noto Sans Bold
- Noto Sans CJK JP Bold
- Noto Sans CJK JP Light
- Noto Sans CJK JP Regular
- Noto Sans Regular

これらは、SIL OpenFontLicense＊12のもとで頒布されているフォントデータを変換したものです

MapLibre GL JSでフォントデータを使うためには、`style`で宣言する必要があります。

●リスト4-46　利用するフォントデータをstyle内で宣言

```
style: {
    version: 8,
    glyphs: './fonts/{fontstack}/{range}.pbf', // フォントデータを指定
    sources: {
```

このように、`style`に`glyphs`を追加した上で、次のように`type=symbol`のレイヤを定義します。

●リスト4-47　学校名を表示するlayer定義

```
{
    id: 'school-label-layer', // 学校名を表示するレイヤー
    source: 'school',
    type: 'symbol', // フォントはsymbolとして表示する
    minzoom: 12,
    layout: {
        'text-field': ['get', 'P29_004'], // P29_004=学校名
        'text-font': ['Noto Sans CJK JP Bold'], // glyphsのフォントデータに含まれるフォ
ントを指定
        'text-offset': [0, 0.5], // フォントの位置調整
        'text-anchor': 'top', // フォントの位置調整
        'text-size': [
            'interpolate',
            ['linear'],
```

＊12　https://licenses.opensource.jp/OFL-1.1/OFL-1.1.html

```
            ['zoom'],
            10, // ズームレベル10のときに
            8, // フォントサイズ8
            14, // ズームレベル14のときに
            14, // フォントサイズ14
        ],
    },
    paint: {
        'text-halo-width': 1,
        'text-halo-color': '#fff',
    },
},
```

ウェブブラウザで確認すると、高ズームレベルでテキストが表示されることがわかります。

●図4-41　高ズームレベルでは学校名も表示される

ポイント

- ウェブブラウザの進化とベクトルタイル技術により、クライアントサイドでの地図レンダリングが一般的になった
- ウェブ地図のスタイリングでは、ズームレベルに応じた要素の出し分け・見た目の調整が重要である

発展

- これまでに使った他のデータも追加するなど、自分なりのスタイリングを試してみましょう
- ラインやポリゴンのデータでテキストを表示するとどうなるか試してみましょう

COLUMN 地図スタイリングの世界

本書で取り上げた手法は、地図スタイリングの世界のごくごく一部です。実際に1つの立派な地図スタイルを作成しようとすると、さまざまな要素（大陸、川、道路、建物、地名……）をズームレベルごとにどのように表示するかを事細かにデザインする必要があり、そのために膨大な数の`layer`を定義することになります（`openmaptiles/osm-bright-gl-style`＊13の`layers`には123個の要素が含まれる）。

地図スタイリングをすべてコード上で行うのは難しいため、GUI上でスタイリングできるアプリケーションも存在します。たとえば、OSSの**Maputnik**などがあります。

● Maputnik（https://maputnik.github.io/）

＊13 https://github.com/openmaptiles/osm-bright-gl-style/blob/master/style.json

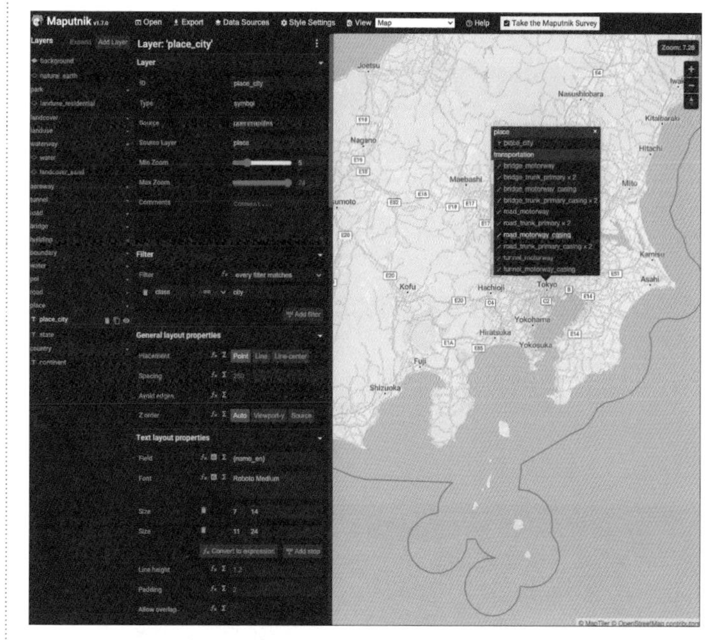

● Maputnikの実行画面

また、**Style Specification**について紹介できたのはわずかなので、地図スタイリングに興味を持った人は、ぜひリファレンス[*14]（英語）をチェックしてみてください。これを読むと、さまざまな項目があり、もっと豊かな表現ができることがわかるでしょう。

＊14　https://maplibre.org/maplibre-gl-js-docs/style-spec/

4-3 その他の位置情報技術

位置情報アプリケーションに関する重要な技術で、これまでに取り上げなかったものの概要を紹介しておきましょう。

4-3-1 地形表現

●図4-42 MapLibre GL JSで地形表現を行った例

標高データを用いることで、ウェブ上で3D地形を表示することができます。オープンソースソフトウェアでは、MapLibre GL JSやdeck.gl、CesiumJSといったWebGLベースの地図ライブラリで実装可能です。本書の後半となる開発実践編では、MapLibre GL JS上で3D地形表現を実装します。

4-3-2 ジオコーディング

テキストを入力として経緯度を得る処理を**ジオコーディング**と呼びます（経緯度から地名を得ることは**逆ジオコーディング**といいます）。OSMデータをベースとした**Nominatim**など、多数の実装が存在します。

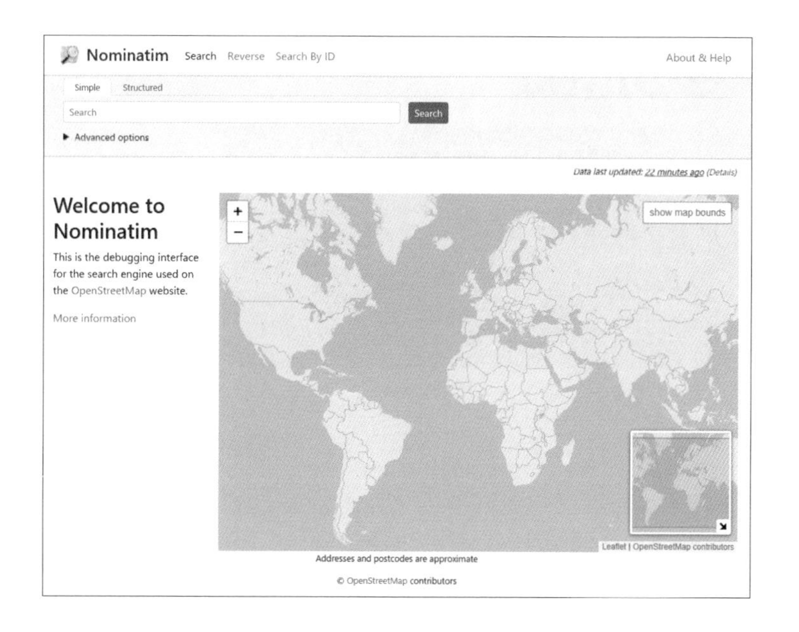

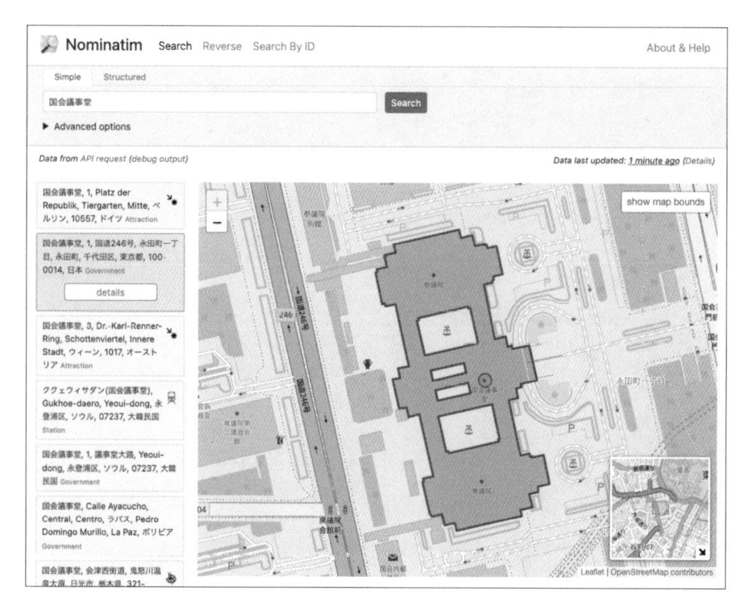

●図4-43　nominatim（https://nominatim.openstreetmap.org/ui/search.html）

4-3-3 ルーティング

地点間の最適経路を求める処理を**ルーティング**と呼びます。経路計算には道路ネットワークが必要となります。オープンソースソフトウェアでは、**OSRM**や**valhalla**といった、OSMの道路データを利用したライブラリがあります。

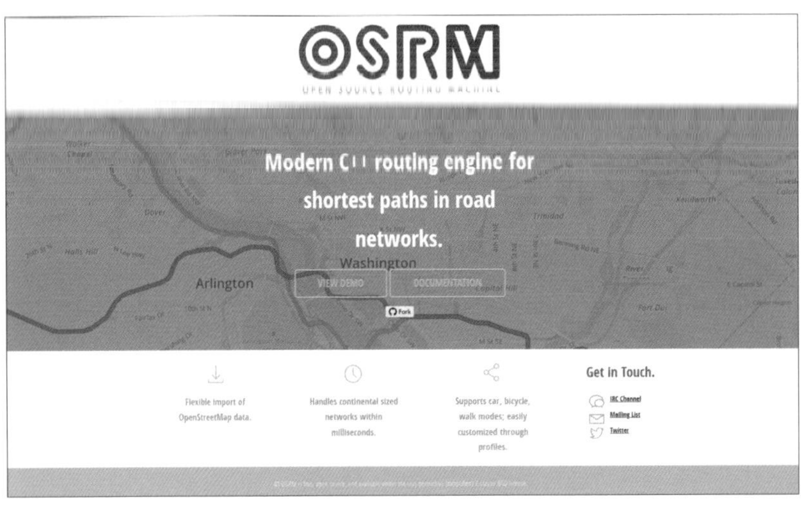

●図4-44　OSRM（http://project-osrm.org/）

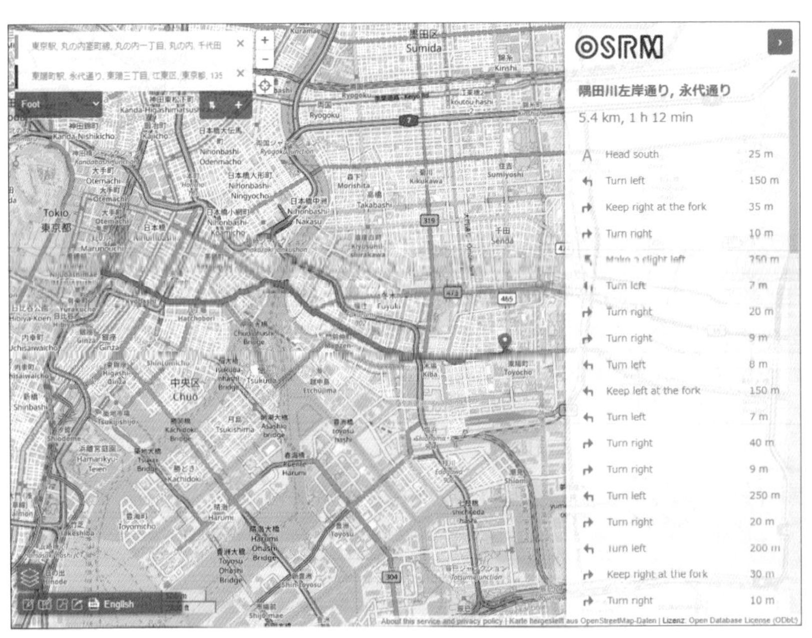

●図4-45　OSRMのデモサイト（https://map.project-osrm.org/）

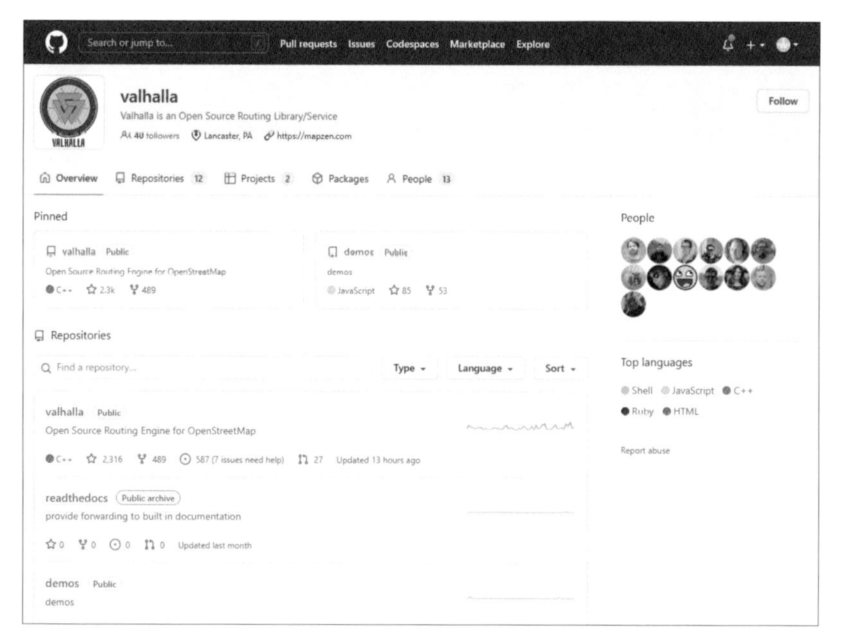

●図4-46 valhalla（https://github.com/valhalla）

●図4-47 valhallaのデモサイト（http://valhalla.github.io/demos/routing/）

第5章

位置情報アプリケーション開発：実践編

本書の集大成として、これまでに得た知識をベースに、より実践的なコード・機能の位置情報アプリケーションを開発してみましょう。なお、実践編もサンプルコードを公開しています（https://github.com/Kanahiro/location-tech-sample-v1）。

5-1 入門編との違い

実践編では、入門編よりも実践的な構成でアプリケーションを開発します。入門編との大きな違いは、JavaScriptのライブラリを、HTMLに埋め込むのではなく**パッケージマネージャー**[*1]でインストールし、**モジュール**として扱うことです。また、アプリケーションの**ビルド**など、入門編にはなかった工程が追加されます。入門編でも述べましたが、現代のウェブ開発ではReactやVue.jsといったライブラリやフレームワークを用いることが一般的です。それぞれに独自の文法・作法があり、本書でそれらのすべてをカバーできないため、特定のライブラリに依存しないプリミティブなJavaScript（いわゆる「バニラJavaScript」）による実装例を紹介します。

5-1-1 Node.jsのインストール

現代の実践的なフロントエンド開発では、**Node.js**の利用は必須です。OSごとにさまざまなインストール方法があるため説明は割愛します。なお、本書ではNode.js v16.18.0を利用します。以降の手順は、Node.jsがインストールされていてパスが通っていることを前提に説明します。また、コマンドはBashシェル上での動作を確認しています。

5-1-2 プロジェクトを作成

構築にはビルドツール**Vite**[*2]を利用します。アプリケーションを開発したいディレクトリで次のコマンドを実行します。

●コマンド5-1　viteを導入する

```
$ npm create vite@3.2.0
```

対話式のインターフェイスでプロジェクトを作成します。

＊1　Node.jsではnpmというパッケージマネージャーが用いられる。
＊2　https://vitejs.dev/

●コマンド5-2 対話形式でプロジェクトを作成する

```
Need to install the following packages:
  create-vite@3.2.0
Ok to proceed? (y)
```

y、Enterを押して進めます。

●コマンド5-3 プロジェクト名を入力

```
Project name: › location-app
```

プロジェクト名を入力します。ここでは、「location-app」と入力しました。

●コマンド5-4 利用フレームワークを選択

```
? Select a framework: › - Use arrow-keys. Return to submit.
>   Vanilla
    Vue
    React
    Preact
    Lit
    Svelte
    Others
```

ここでは、「Vanilla」を選択し、Enterを押して進めます。

●コマンド5-5 JavaScriptの種別を選択

```
? Select a variant: › - Use arrow-keys. Return to submit.
>   JavaScript
    TypeScript
```

「JavaScript」を選択し、Enterを押して進めます。

この手順でプロジェクトの作成が完了し、location-appというフォルダが作成されます。次のようなディレクトリ構成になっています。

● コマンド5-6　location-appの構成

```
.
├── counter.js
├── index.html
├── javascript.svg
├── main.js
├── package.json
├── public
└── style.css
```

このうち、開発時に変更するのは、主にindex.htmlとmain.js、style.cssです。

5-1-3 開発サーバーの起動

作成したプロジェクトフォルダをカレントディレクトリとします。

● コマンド5-7　location-appに移動する

```
$ cd location-app
```

依存モジュールをインストールします。

● コマンド5-8　依存モジュールをインストール

```
$ npm install
```

開発サーバーを起動します。

● コマンド5-9　開発サーバーを起動

```
$ npm run dev
```

開発サーバーがhttp://127.0.0.1:5173/で起動するので、ウェブブラウザで開きます。以降は開発サーバーが起動している状態を前提に説明します。

●図5-1　Viteの初期画面

開発サーバーは、シェル上でCtrl+Cを入力すれば終了できます。

開発サーバーが起動している状態でindex.htmlやmain.jsに変更を加えると、その変更が自動的にウェブブラウザに反映されることがわかります。

COLUMN　Windowsでの開発

Bashシェル上での構築を解説しましたが、Windowsでもnode.jsがインストールされていれば、PowerShellやコマンドプロンプトで同じ手順で導入できます。

以降でも、いくつかのモジュールをnpmでインストールしますが、同様の手順で導入が可能です。

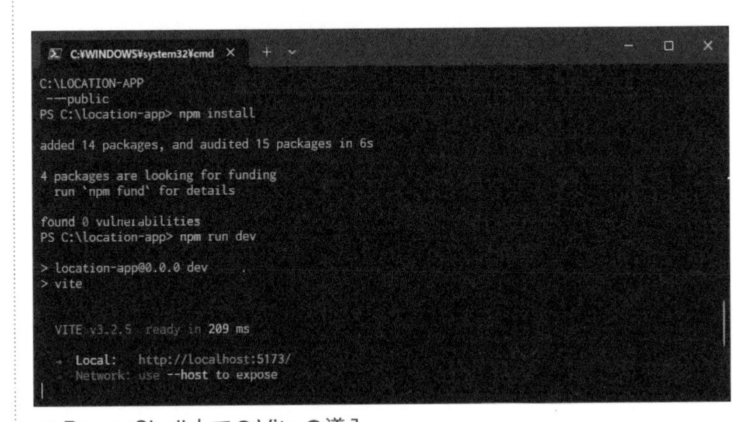

● PowerShell上でのViteの導入

5-2 実践編Part1：「防災マップ」を作成する

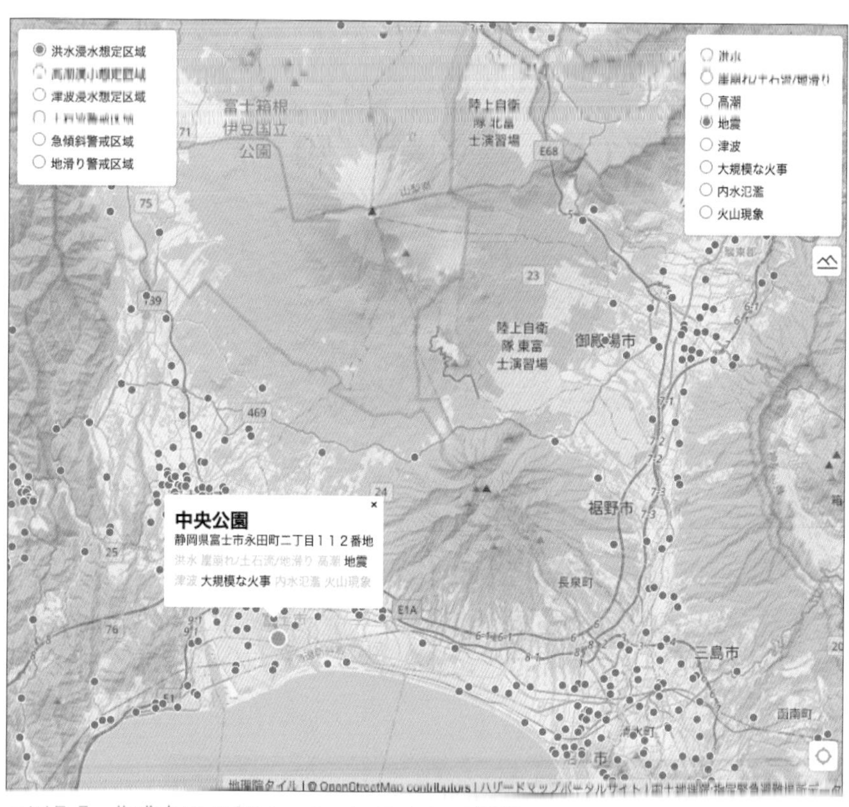

●図5-2　作成するアプリケーションのイメージ画像

実践編では、一定のテーマに沿って実際に利用できるアプリケーションを開発します。ここでは「防災マップ」を作成することにします。要件は次のとおりとします。

- ウェブブラウザで動作する位置情報アプリケーションとする
- 洪水浸水想定区域・高潮浸水想定区域などの災害情報を表示する
- 避難所の位置を表示する
- ユーザーの現在地を表示する

5-2-1 背景地図を表示する

これから機能を追加していく地図画面の土台として、MapLibre GL JSで背景地図を表示するまでを実装しましょう。

MapLibre GL JSをnpmでインストール

次のコマンドでMapLibre GL JSをインストールします。

● コマンド5-10　MapLibre GL JSをnpmでインストール

```
$ npm install maplibre-gl@2.4.0
```

Mapインスタンスを初期化する

まず、地図画面用のdiv要素を作成します。

● リスト5-1　index.html

```
<!-- ./index.html -->
<!DOCTYPE html>
<html lang="ja"> <!-- ついでにロケールをjaに -->
    <head>
        <meta charset="UTF-8" />
        <meta name="viewport" content="width=device-width, initial-scale=1.0" />
        <title>位置情報アプリケーション開発実践編朱></title>
    </head>
    <body style="margin: 0">
        <div id="map" style="height: 100vh"></div> <!-- 地図画面用のdiv要素を追加 -->
        <script type="module" src="/main.js"></script>
    </body>
</html>
```

作成したdiv要素を用いて、JavaScriptで地図を初期化します。`main.js`の内容をすべて削除し、リスト5-2のコードを入力します。

● リスト5-2　main.jsの内容

```
// ./main.js
// MapLibre GL JSの読み込み
import maplibregl from 'maplibre-gl';
```

```
import 'maplibre-gl/dist/maplibre-gl.css';

const map = new maplibregl.Map({
    container: 'map', // div要素のid
    zoom: 5, // 初期表示のズーム
    center: [138, 37], // 初期表示の中心
    minZoom: 5, // 最小ズーム
    maxZoom: 18, // 最大ズーム
    maxBounds: [122, 20, 154, 50], // 表示可能な範囲
    style: {
        version: 8,
        sources: {
            // 背景地図ソース
            osm: {
                type: 'raster',
                tiles: ['https://tile.openstreetmap.org/{z}/{x}/{y}.png'],
                maxzoom: 19,
                tileSize: 256,
                attribution:
                    '&copy; <a href="http://www.openstreetmap.org/copyright">OpenStreetMap</a> contributors',
            },
        },
        layers: [
            // 背景地図レイヤー
            {
                id: 'osm-layer',
                source: 'osm',
                type: 'raster',
            },
        ]
    }
})
```

これで地図が表示できるようになったので、ウェブブラウザでhttp://127.0.0.1:5173/を開いてみましょう。図5-3のような日本地図が表示されるはずです。これが、本章で作成するアプリケーション「防災マップ」のベースとなります。

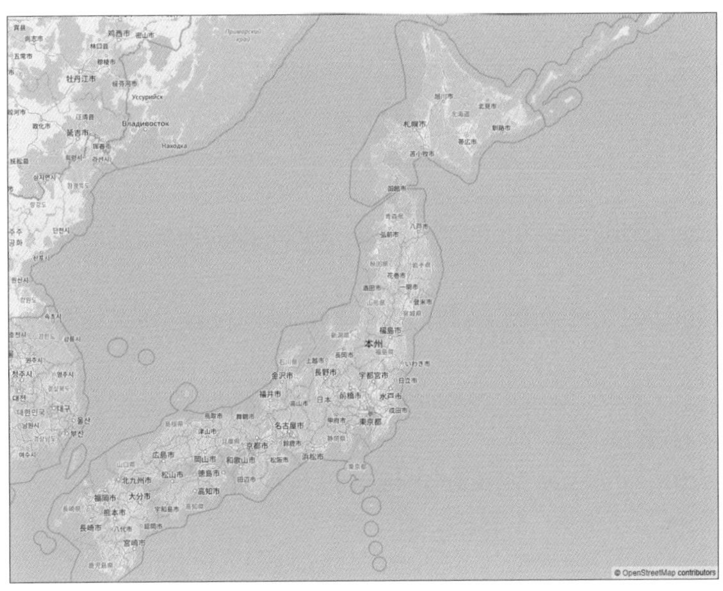

●図5-3　ベースとなる日本地図

5-2-2 災害情報を表示する

世間にはさまざまな災害情報がありますが、今回は国土交通省が公開している「ハザードマップポータルサイト」で配信されている地図タイル[*3]を利用します。

●図5-4　ハザードマップポータルサイト（https://disaportal.gsi.go.jp/）

＊3　https://disaportal.gsi.go.jp/hazardmap/copyright/opendata.html/

ハザードマップポータルサイトの地図タイル

ハザードマップポータルサイトでは、多くの地図タイルが利用可能ですが、ここでは次のタイルを利用することにします。

- 洪水浸水想定区域
  https://disaportaldata.gsi.go.jp/raster/01_flood_l2_shinsuishin_data/{z}/{x}/{y}.png
- 高潮浸水想定区域
  https://disaportaldata.gsi.go.jp/raster/03_hightide_l2_shinsuishin_data/{z}/{x}/{y}.png
- 津波浸水想定
  https://disaportaldata.gsi.go.jp/raster/04_tsunami_newlegend_data/{z}/{x}/{y}.png
- 土砂災害警戒区域（土石流）※全国
  https://disaportaldata.gsi.go.jp/raster/05_dosekiryukeikaikuiki/{z}/{x}/{y}.png
- 土砂災害警戒区域（急傾斜地の崩壊）※全国
  https://disaportaldata.gsi.go.jp/raster/05_kyukeishakeikaikuiki/{z}/{x}/{y}.png
- 土砂災害警戒区域（地すべり）※全国
  https://disaportaldata.gsi.go.jp/raster/05_jisuberikeikaikuiki/{z}/{x}/{y}.png

なお、利用の際は条件を確認しましょう。本書執筆時点では下記のような条件でした。

> 以下のデータは、記載のURLからリアルタイムに読み込み、ウェブサイトやソフトウェア、アプリケーションに商用非商用問わずご利用いただけます。
> データの仕様は国土地理院の地理院タイルと同じです。
> 出典の記載方法は、「ハザードマップポータルサイト」として、当該ページへのリンクをつけてください。

ラスタータイルの表示

入門編で学んだ手順で、ラスタータイルを表示してみましょう。sourcesとlayersにデータを追加するのでした。

●リスト5-3　ラスタータイルの表示

```
const map = new maplibregl.Map({
    container: 'map', // div要素のid
    zoom: 5, // 初期表示のズーム
    center: [138, 37], // 初期表示の中心
    minZoom: 5, // 最小ズーム
    maxZoom: 18, // 最大ズーム
    maxBounds: [122, 20, 154, 50], // 表示可能な範囲
```

```
    style: {
        version: 8,
        sources: {
            // 背景地図ソース
            osm: {
                type: 'raster',
                tiles: ['https://tile.openstreetmap.org/{z}/{x}/{y}.png'],
                maxzoom: 19,
                tileSize: 256,
                attribution:
                '&copy; <a href="http://www.openstreetmap.org/copyright">OpenStreetMap</
a> contributors',
            },
            // 重ねるハザードマップここから
            hazard_flood: {
                type: 'raster',
                tiles: [
                'https://disaportaldata.gsi.go.jp/raster/01_flood_l2_shinsuishin_data/
{z}/{x}/{y}.png',
                ],
                minzoom: 2,
                maxzoom: 17,
                tileSize: 256,
                attribution:
                    '<a href="https://disaportal.gsi.go.jp/hazardmap/copyright/opendata.
html">ハザードマップポータルサイト</a>',
            },
            hazard_hightide: {
                type: 'raster',
                tiles: [
                    'https://disaportaldata.gsi.go.jp/raster/03_hightide_l2_shinsuishin_
data/{z}/{x}/{y}.png',
                ],
                minzoom: 2,
                maxzoom: 17,
                tileSize: 256,
```

```
            attribution:
              '<a href="https://disaportal.gsi.go.jp/hazardmap/copyright/opendata.
html">ハザードマップポータルサイト</a>',
        },
        hazard_tsunami: {
            type: 'raster',
            tiles: [
                'https://disaportaldata.gsi.go.jp/raster/04_tsunami_newlegend_data/
{z}/{x}/{y}.png',
            ],
            minzoom: 2,
            maxzoom: 17,
            tileSize: 256,
            attribution:
              '<a href="https://disaportal.gsi.go.jp/hazardmap/copyright/opendata.
html">ハザードマップポータルサイト</a>',
        },
        hazard_doseki: {
            type: 'raster',
            tiles: [
                'https://disaportaldata.gsi.go.jp/raster/05_dosekiryukeikaikuiki/
{z}/{x}/{y}.png',
            ],
            minzoom: 2,
            maxzoom: 17,
            tileSize: 256,
            attribution:
              '<a href="https://disaportal.gsi.go.jp/hazardmap/copyright/opendata.
html">ハザードマップポータルサイト</a>',
        },
        hazard_kyukeisha: {
            type: 'raster',
            tiles: [
                'https://disaportaldata.gsi.go.jp/raster/05_kyukeishakeikaikuiki/
{z}/{x}/{y}.png',
            ],
```

```
                minzoom: 2,
                maxzoom: 17,
                tileSize: 256,
                attribution:
                  '<a href="https://disaportal.gsi.go.jp/hazardmap/copyright/opendata.
html">ハザードマップポータルサイト</a>',
            },
            hazard_jisuberi: {
                type: 'raster',
                tiles: [
                  'https://disaportaldata.gsi.go.jp/raster/05_jisuberikeikaikuiki/{z}/
{x}/{y}.png',
                ],
                minzoom: 2,
                maxzoom: 17,
                tileSize: 256,
                attribution:
                  '<a href="https://disaportal.gsi.go.jp/hazardmap/copyright/opendata.
html">ハザードマップポータルサイト</a>',
            },
            // 重ねるハザードマップここまで
        },
        layers: [
            // 背景地図レイヤー
            {
                id: 'osm-layer',
                source: 'osm',
                type: 'raster',
            },
            // 重ねるハザードマップここから
            {
                id: 'hazard_flood-layer',
                source: 'hazard_flood',
                type: 'raster',
                paint: { 'raster-opacity': 0.7 },
            },
```

```
            {
                id: 'hazard_hightide-layer',
                source: 'hazard_hightide',
                type: 'raster',
                paint: { 'raster-opacity': 0.7 },
            },
            {
                id: 'hazard_tsunami-layer',
                source: 'hazard_tsunami',
                type: 'raster',
                paint: { 'raster-opacity': 0.7 },
            },
            {
                id: 'hazard_doseki-layer',
                source: 'hazard_doseki',
                type: 'raster',
                paint: { 'raster-opacity': 0.7 },
            },
            {
                id: 'hazard_kyukeisha-layer',
                source: 'hazard_kyukeisha',
                type: 'raster',
                paint: { 'raster-opacity': 0.7 },
            },
            {
                id: 'hazard_jisuberi-layer',
                source: 'hazard_jisuberi',
                type: 'raster',
                paint: { 'raster-opacity': 0.7 },
            },
            // 重ねるハザードマップここまで
        ],
    },
});
```

これで、ラスタータイルが重ねて表示されます。

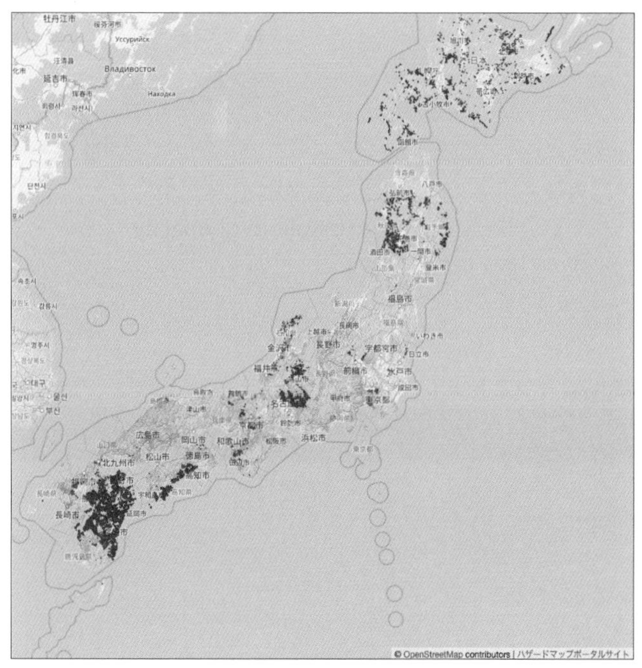

●図5-5　ラスタータイルが重ねて表示された

しかし、同時に多くのレイヤが表示されているため、あまり見やすくはありません。

●図5-6　ズームレベルを上げると、同時に多くのレイヤが表示されていることがわかる

そこで、次はレイヤの切り替えを実装してみましょう。

レイヤコントロールの追加

レイヤの切り替えは、Leafletではビルトインのレイヤコントロールを利用できましたが、MapLibre GL JSには同様の機能は含まれていません。イチからUIを作成することもできますが、ここでは、オープンソースで公開されている**maplibre-gl-opacity**[*4]という、MapLibre GL JS用のサードパーティプラグインを利用します。

まずはモジュールをインストールします。

● コマンド5-11　maplibre-gl-opacityのインストール

```
$ npm install maplibre-gl-opacity@1.4.0
```

MapLibre GL JSと同様に、maplibre-gl-opacityを読み込みます。

● リスト5-4　OpacityControlプラグインの読み込み

```
// OpacityControlプラグインの読み込み
import OpacityControl from 'maplibre-gl-opacity';
import 'maplibre-gl-opacity/dist/maplibre-gl-opacity.css';
```

次に、`OpacityControl`を、切り替えたいレイヤの辞書を利用して初期化します。`OpacityControl`の初期化は、地図画面の初期ロードが完了後である必要があるため、`map.on()`を用いて適切なタイミングで初期化します。

● リスト5-5　OpacityControlの初期化

```
// マップの初期ロード完了時に発火するイベントを定義
map.on('load', () => {
    // 背景地図・重ねるタイル地図のコントロール
    const opacity = new OpacityControl({
        baseLayers: {
            'hazard_flood-layer': '洪水浸水想定区域', // layer-id: レイヤー名
            'hazard_hightide-layer': '高潮浸水想定区域',
            'hazard_tsunami-layer': '津波浸水想定区域',
            'hazard_doseki-layer': '土石流警戒区域',
            'hazard_kyukeisha-layer': '急傾斜警戒区域',
```

＊4　https://github.com/dayjournal/maplibre-gl-opacity

```
    'hazard_jisuberi-layer': '地滑り警戒区域',
        },
    });
    map.addControl(opacity, 'top-left'); // 第二引数で場所を指定できる: bottom-rightな
ど
});
```

このようにすると、画面左上にレイヤコントロールが表示されます。ラジオボタンをチェックすると、選択したレイヤのみが表示されます。

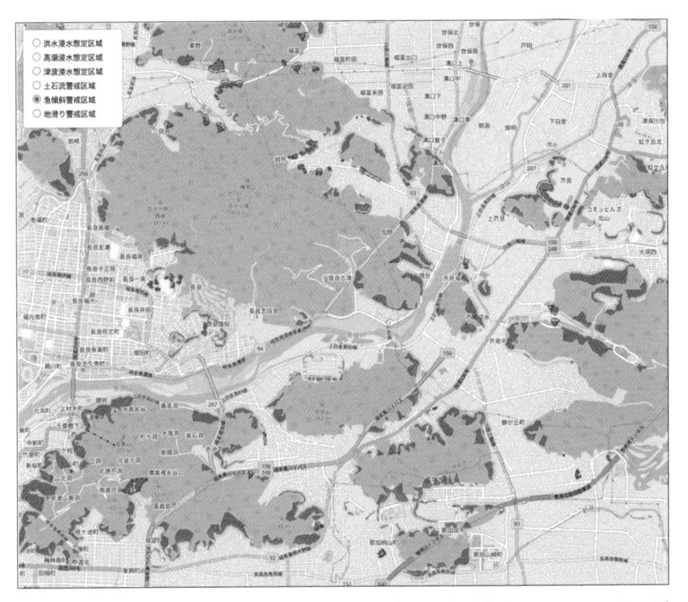

●図5-7　maplibre-gl-opacityプラグインを利用し、1つのレイヤのみの表示にした

このように、レイヤコントロールに含まれるレイヤは自動的に可視・不可視状態が更新されます。したがって、コントロールに追加するレイヤは初期状態では不可視状態にしておくと、不要なロードが発生しません。可視状態はlayerのlayoutプロパティで設定可能です。設定例は次のようになります。

●リスト5-6　layoutプロパティで不可視にする設定

```
{
    id: 'hazard_flood-layer',
    source: 'hazard_flood',
    type: 'raster',
```

```
    paint: { 'raster-opacity': 0.7 },
    layout: { visibility: 'none' }, // レイヤーの表示はOpacityControlで操作するためデフォルトで非表示にしておく
},
```

コントロールに追加した6レイヤに、リスト5-6の設定をしておきましょう。

COLUMN MapLibre GL JSのプラグイン

MapLibre GL JSには、ここで利用した**maplibre-gl-opacity**のほかにも、位置情報アプリケーション開発で頻出する機能やユーザーインターフェイスが**プラグイン**として数多く公開されています。

公式ドキュメント*5にカテゴリー別の一覧があるので、気になる機能がないかをチェックしてみましょう。もちろん、新たなプラグインを開発・公開することも可能です（筆者も公開しています）。

● MpaLibre GL JSのプラグイン一覧

*5 https://maplibre.org/maplibre-gl-js-docs/plugins/
*6 https://www.gsi.go.jp/bousaichiri/hinanbasho.html
*7 https://hinan.gsi.go.jp/hinanjocjp/hinanbasho/koukaidate.html

5-2-3 避難所位置を表示する

避難所の位置情報は、国土地理院が配信している「指定緊急避難場所データ」*6を利用します。データは、CSV形式で配信されています*7。

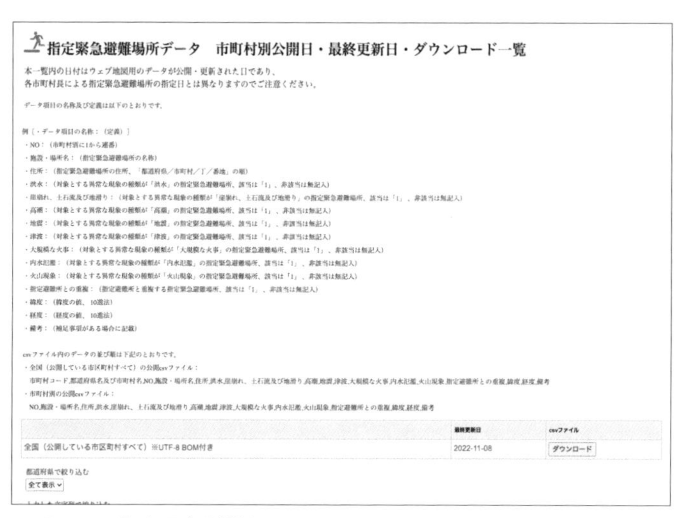

●図5-8　指定緊急避難場所データ

施設数は11万程度で、つまり11万行のCSVファイルとなっています。各行には、経緯度に加えて、施設名などの属性が含まれています。こういったCSVもベクトルデータとして扱われることは説明しました。QGISは、CSVファイルを位置情報データとして読み込むことができます。

QGISでCSVを読み込む

ダウンロードしたCSVはヘッダ行が含まれていないので、次のようにわかりやすい名称でヘッダ行を追記します（名称は半角英数にしておきましょう）。もちろん、ヘッダ行がないCSVも読み込めますが、あとからフィールド名を変更する必要があります。

●リスト5-7　ヘッダ行を追加したCVSファイルの例

```
citycode,cityname,id,name,address,disaster1,disaster2,disaster3,disaster4,disaster5,disaster6,disaster7,disaster8,duplicated,lat,lon,remarks
01100,北海道札幌市,1,桑園小学校,北海道札幌市中央区北８条西１７丁目１,1,,,1,,,,,1,43.067886261126,141.32813013094,
01100,北海道札幌市,2,日新小学校,北海道札幌市中央区北８条西２５丁目２-１,1,,,1,,,,,1,43.066850571871,141.31752647931,
```

```
01100,北海道札幌市,3,中央中学校,北海道札幌市中央区北４条東３丁目,1,,,1,,,,,1,43.067695
546978,141.35968558022,
...以下略...
```

では、QGISで読み込んでみましょう。メニューの［レイヤ］から、［レイヤを追加］→［CSVテキストレイヤを追加］を選択します。

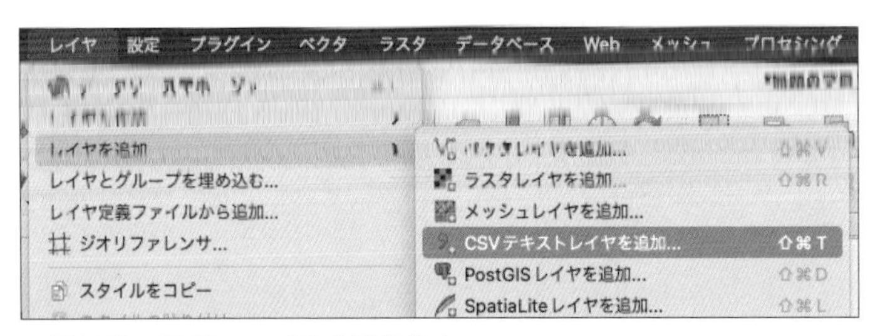

●図5-9　CVSファイルを読み込む

読み込みのため「データソースマネージャ」が開きます。左ペインで「CVSテキスト」が選択されているので、あらかじめCVSファイル用読み込み用の設定がされています。

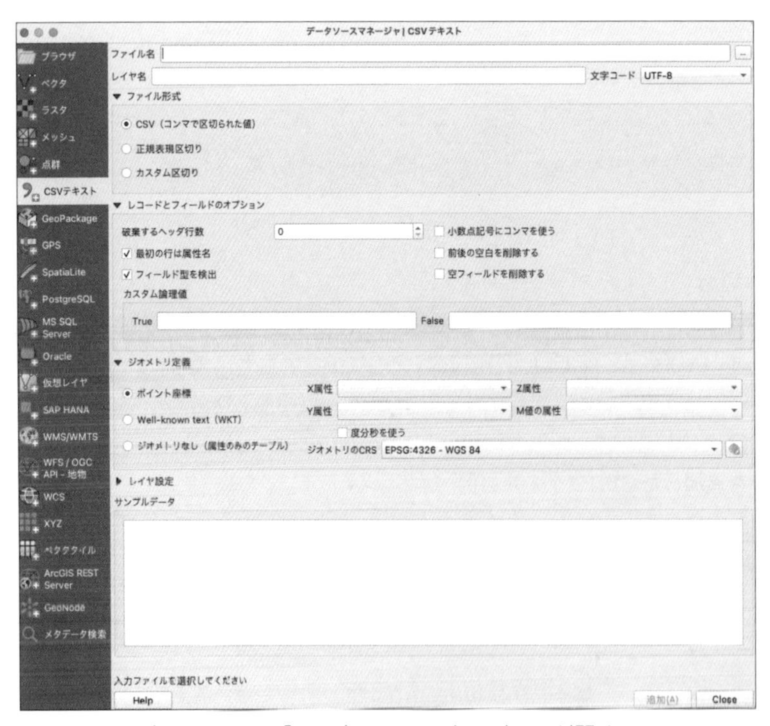

●図5-10　読み込み用の「データソースマネージャ」が開く

先ほどヘッダ行を追加したCSVを読み込みます。
「サンプルデータ」のところに、読み込んだCVSファイルの状態が表示されます。

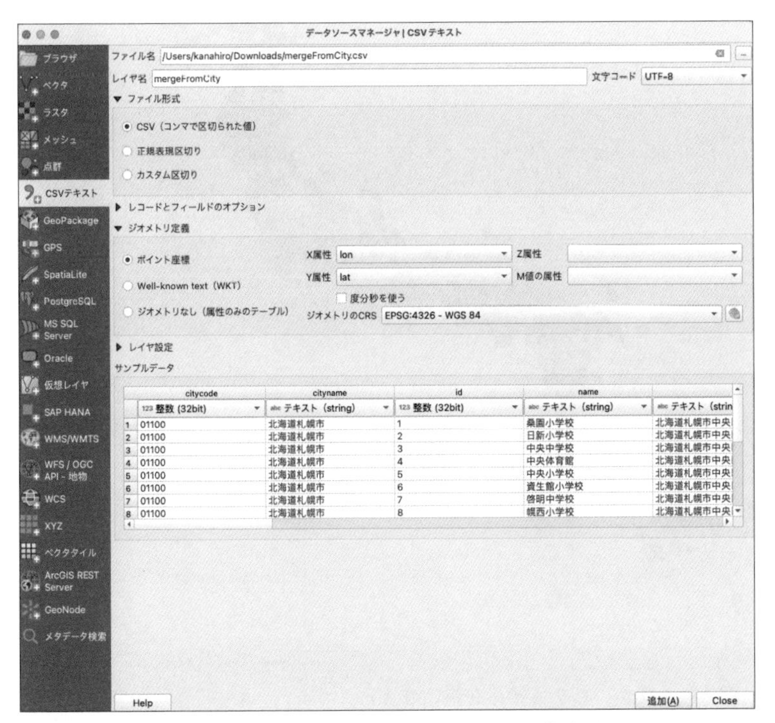

●図5-11　「データソースマネージャ」でファイルを指定する

［追加］ボタンを押すと、地図上にポイントが表示されます。

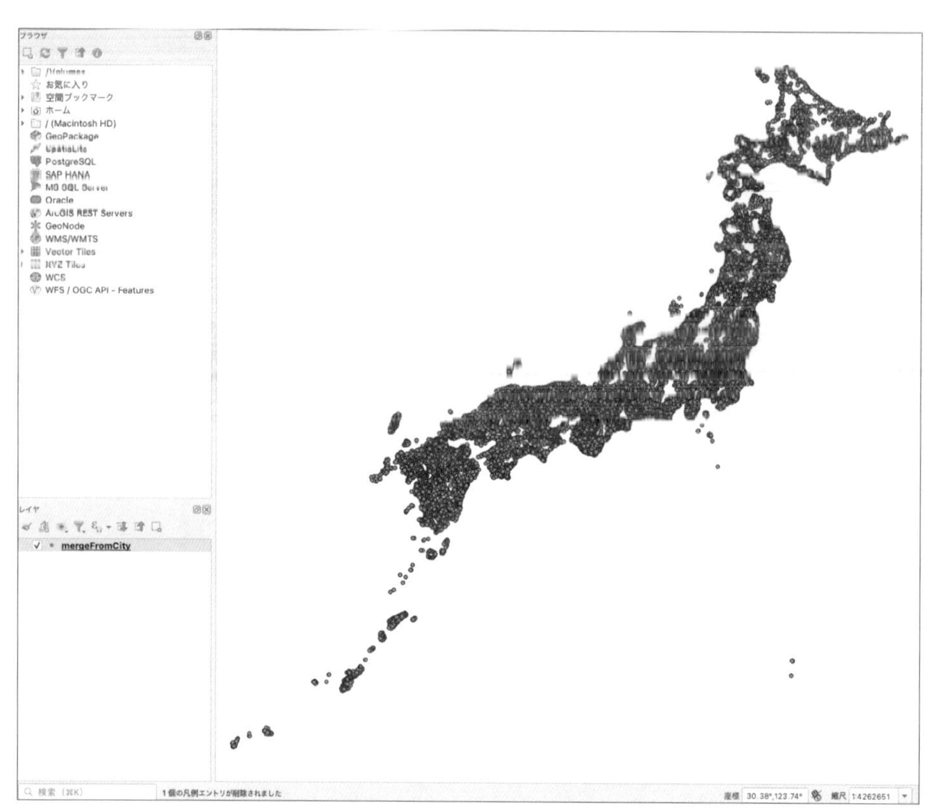

●図5-12 「データソースマネージャ」でファイルを指定する

このポイントレイヤは一時レイヤなので、QGISを閉じると失われてしまいます。いったんGeoJSONとして保存しておきましょう。保存方法は、「第3章　位置情報データの取得・加工」ですでに学びましたが、今回は不要なフィールドを除外して保存してみます。次のように「エクスポートするフィールドとエクスポートオプションの選択」で、保存しないフィールドからチェックを外します。今回は、「citycode」「cityname」「id」「dupilicate」「lat」「lon」のチェックを外しました。

●図5-13　不要なフィールを指定してエクスポートする

ファイルサイズが40MB程度のGeoJSONファイルが生成されます。ここで保存されたGeoJSONが持つフィールドは、次のようになります。

- name
- address
- disaster1
- disaster2
- disaster3
- disaster4
- disaster5
- disaster6
- disaster7
- disaster8
- remarks

指定緊急避難場所ベクトルタイルの作成

40MB程度のGeoJSONファイルであれば、そのままファイルとして配信するのも許容できるサイズ感ですが、ここではベクトルタイルに変換して配信することにしましょう。変換には、先に説明したように、「tippecanoe」を使います。インストール・使用方法は「3-5-6

その他：ベクトルタイル化」で解説しましたが、発展的内容なので（また、通常のWindows環境では動作しないため）、サンプルコードに含まれているファイルをそのまま使っても構いません＊8。ここでは、オプションも含めたtippecanoeのコマンドを紹介しておきます。

●コマンド5-12　tippecanoeによるベクトルタイル化

```
$ tippecanoe -e skhb -l skhb -Z5 -z8 -pf -pk -pC -P skhb.geojson
# -e:skhbフォルダに -l:skhbというレイヤー名で -Z5 -z8:ズームレベル5-8の範囲で
# -pf:タイル内の地物数制限なしに -pk:タイルサイズ制限なしに -pC:gzip圧縮をせずに
-P:GeoJSONマルチスレッドで読み込む
```

このコマンドで生成されるskhbフォルダを、プロジェクトフォルダのpublicフォルダに配置します。publicフォルダに配置されたファイルは、開発サーバーの/以下で配信されます。

ポイントレイヤの追加

まず生成したベクトルタイルをsourceに追加します。

●リスト5-8　ベクトルタイルをsourceに追加

```
// 重ねるハザードマップここまで
skhb: {
    // 指定緊急避難場所ベクトルタイル
    type: 'vector',
    tiles: [
        `${location.href.replace('/index.html', '')}/skhb/{z}/{x}/{y}.pbf`,
    ],
    minzoom: 5,
    maxzoom: 8,
    attribution:
        '<a href="https://www.gsi.go.jp/bousaichiri/hinanbasho.html" target="_blank">国
土地理院:指定緊急避難場所データ</a>',
},
```

layerを追加します。

＊8　https://github.com/Kanahiro/location-tech-sample-v1/tree/main/02_advanced/public/skhb

●リスト5-9　layerを追加

```
// 重ねるハザードマップここまで
{
    id: 'skhb-layer',
    source: 'skhb',
    'source-layer': 'skhb',
    type: 'circle',
    paint: {
        'circle-color': '#6666cc',
        'circle-radius': [ // ズームレベルに応じた円の大きさ
            'interpolate',
            ['linear'],
            ['zoom'],
            5,
            2,
            14,
            6,
        ],
        'circle-stroke-width': 1,
        'circle-stroke-color': '#ffffff',
    },
},
```

これで、地図上に指定緊急避難場所ポイントが表示されます。ウェブブラウザで表示してみましょう。

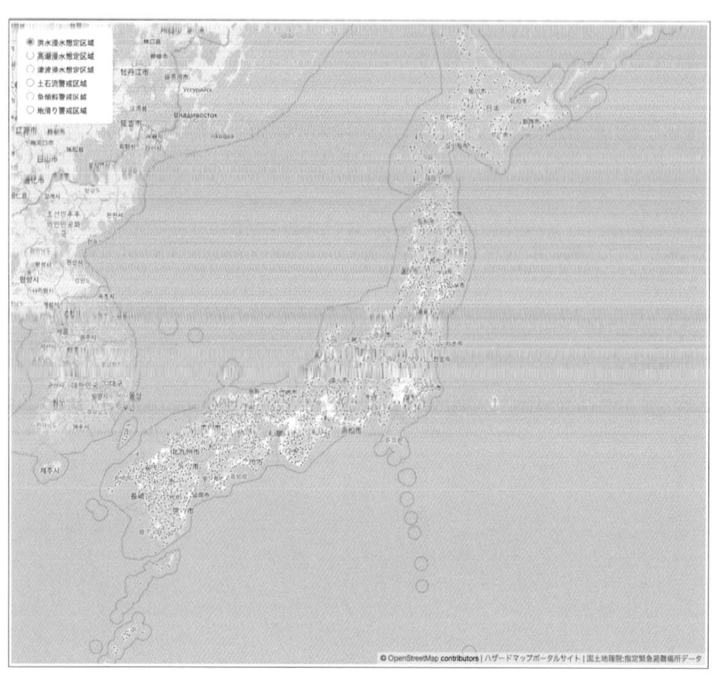

●図5-14　地図上に指定緊急避難場所ポイントが表示され

避難所の種別ごとに表示を切り替える

指定緊急避難場所データの属性を見ると、避難施設ごとに対応している災害種別が異なることがわかります。たとえば、津波に対応した施設、土砂災害に対応した施設……と、区別して表示できると便利です。MapLibreの`style`は、そのように区別して表示することが可能です。指定緊急避難場所データは、8種類の災害への対応状況を保持しています。

1. 洪水
2. 崖崩れ、土石流及び地滑り
3. 高潮
4. 地震
5. 津波
6. 大規模な火事
7. 内水氾濫
8. 火山現象

先ほどCSVを読み込んだ際、上から「disaster1」「disaster2」「disaster3」……となるようにヘッダを追記しました。対応している場合、当該カラムに「`true`」が格納されています。この条件で、洪水に対応している施設（`disaster1=true`）のみを表示するレイヤ定義は、次のようになります。

●リスト5-10　layerを追加

```
// 重ねるハザードマップここまで
{
    id: 'skhb-layer',
    source: 'skhb',
    'source-layer': 'skhb',
    type: 'circle',
    paint: {
        'circle-color': '#6666cc',
        'circle-radius': [ // ズームレベルに応じた円の大きさ
            'interpolate',
            ['linear'],
            ['zoom'],
            5,
            2,
            14,
            6,
        ],
        'circle-stroke-width': 1,
        'circle-stroke-color': '#ffffff',
    },
    filter: ['get', 'disaster1'], // 属性:disaster1がtrueの地物のみ表示する
},
```

この状態で地図画面を確認すると、先ほどよりも点の数が減っていることがわかります（「disaster1=true」の地物のみが表示されるためです）。

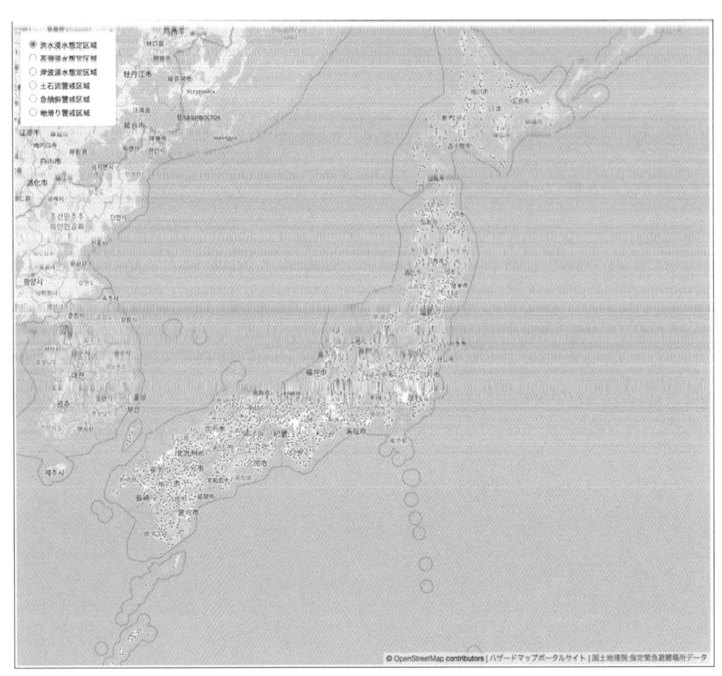

●図5-15　洪水に対応している避難施設のみが表示された

ここで、いったんskhb-layerを削除し、参照する属性ごとに8つのlayerを、次のように定義します。

●リスト5-11　属性ごとのlayerの定義

```
{
    id: 'skhb-1-layer',
    source: 'skhb',
    'source-layer': 'skhb',
    type: 'circle',
    paint: {
        'circle color': '#6666cc',
        'circle-radius': [ // ズームレベルに応じた円の大きさ
            'interpolate',
            ['linear'],
            ['zoom'],
            5,
            2,
            14,
```

```
                6,
            ],
            'circle-stroke-width': 1,
            'circle-stroke-color': '#ffffff',
        },
        filter: ['get', 'disaster1'], // 属性:disaster1がtrueの地物のみ表示する
    },
    {
        id: 'skhb-2-layer',
        source: 'skhb',
        'source-layer': 'skhb',
        type: 'circle',
        paint: {
            'circle-color': '#6666cc',
            'circle-radius': [
                'interpolate',
                ['linear'],
                ['zoom'],
                5,
                2,
                14,
                6,
            ],
            'circle-stroke-width': 1,
            'circle-stroke-color': '#ffffff',
        },
        filter: ['get', 'disaster2'],
    },
    // 以下skhb-3-layer, skhb-4-layer...と続く
```

この状態で地図画面を表示すると、8つのレイヤすべてが表示されてしまい、レイヤを8つに区別した意味がありません。そこで、先ほどのラスタータイルの場合と同様に、「OpacityControl」を用いて切り替えを実装します。

●リスト5-12　OpacityControlを使った切り替え

```
// 指定緊急避難場所レイヤーのコントロール
const opacitySkhb = new OpacityControl({
    baseLayers: {
        'skhb-1-layer': '洪水',
        'skhb-2-layer': '崖崩れ/土石流/地滑り',
        'skhb-3-layer': '高潮',
        'skhb-4-layer': '地震',
        'skhb-5-layer': '津波',
        'skhb-6-layer': '大規模な火事',
        'skhb-7-layer': '内水氾濫',
        'skhb-8-layer': '火山現象',
    },
});
map.addControl(opacitySkhb, 'top-right');
```

同様に、8つのレイヤにlayout属性を追加し、初期状態で不可視とします。

●リスト5-13　layout属性を付加する

```
{
    id: 'skhb-1-layer',
    source: 'skhb',
    'source-layer': 'skhb',
    type: 'circle',
    paint: {
        'circle-color': '#6666cc',
        'circle-radius': [
            // ズームレベルに応じた円の大きさ
            'interpolate',
            ['linear'],
            ['zoom'],
            5,
            2,
            14,
            6,
        ],
```

```
        'circle-stroke-width': 1,
        'circle-stroke-color': '#ffffff',
    },
    filter: ['get', 'disaster1'], // 属性:disaster1がtrueの地物のみ表示する
    layout: { visibility: 'none' }, // レイヤーの表示はOpacityControlで操作するためデフ
ォルトで非表示にしておく
},
// 以下略
```

画面右上に、災害種別８種類のレイヤコントロールが表示されます。

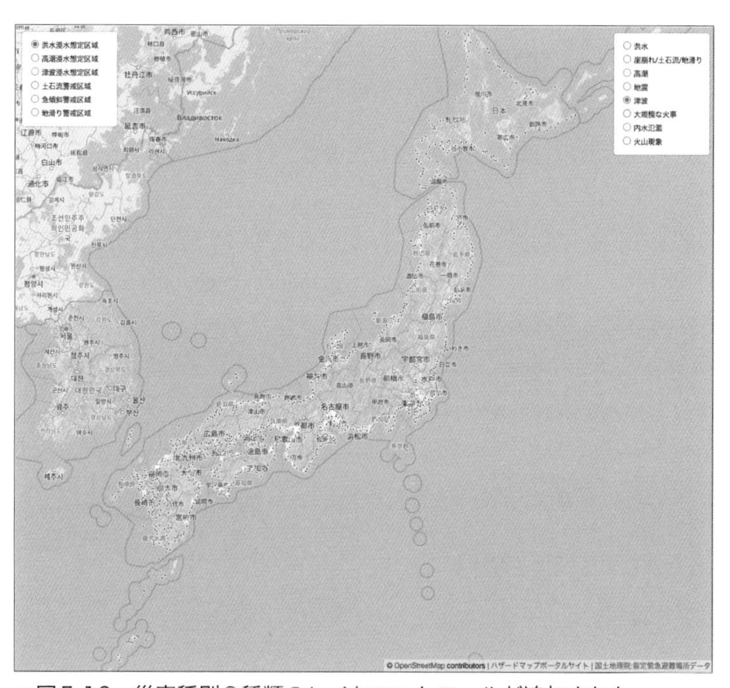

●図5-16　災害種別８種類のレイヤコントロールが追加された

ラジオボタンを選択すると、表示されるポイントが切り替わります。

5-2-4 クリックイベントを追加する

指定緊急避難場所データには、施設名や住所、対応している災害情報といった属性が含まれているので、ポイントをクリックしたら、その情報を表示する機能を実装しましょう。地図画面のクリックイベントの実装には`map.on()`を用います。

●リスト5-14　map.on()で地図上のクリックを取得する

```
// 地図上をクリックした際のイベント
map.on('click', () => {
    // ここに処理を実装する
    alert('clicked!');
});
```

この状態で地図画面をクリックすると、「clicked!」というアラートが表示されます。

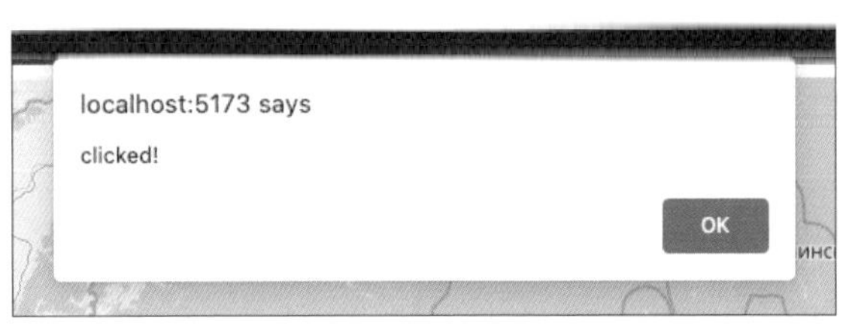

●図5-17　map.on()を組み込んだ標準で、画面をクリックした場合

アラートを表示している部分を、クリックした地点に存在する地物の情報を表示する処理に書き換えていきます。クリックした地点にある地物は、map.queryRenderedFeatures()を用いて取得できます。今回は指定緊急避難場所データの地物をクリックしたいので、layersには8つのレイヤのIDをセットします。なお、ここで実装するクリックイベントは読み込み済みデータを用いる処理のため、地図画面の初期ロードが完了前にイベントが発生すると予期せぬ挙動をすることがあることに留意してください。これに対処するため、クリックイベントの登録はloadイベント時（＝初期ロード完了後）に行うことにします。

●リスト5-15　クリックした地点にある地物を取得する処理

```
// マップの初期ロード完了時に発火するイベントを定義
map.on('load', () => {
    // -中略-
    // 地図上をクリックした際のイベント
    map.on('click', (e) => {
        // クリック箇所に指定緊急避難場所レイヤーが存在するかどうかをチェック
        const features = map.queryRenderedFeatures(e.point, {
            layers: [
                'skhb-1-layer',
                'skhb-2-layer',
                'skhb-3-layer',
```

```
                'skhb-4-layer',
                'skhb-5-layer',
                'skhb-6-layer',
                'skhb-7-layer',
                'skhb-8-layer',
            ],
        });
        if (features.length === 0) return; // 地物がなければ処理を終了
    });
});
```

イベント発生時に実行される関数の引数eに、マウスカーソルの位置が格納されています。featuresには、マウスカーソルの下に存在する地物のデータが、GeoJSON型のオブジェクトの配列として格納されます。地物が見つからない場合は空の配列になります（ここでは地物が見つからない場合は処理を終了しています）。

MapLibre GL JSでのポップアップ表示の実装は、Leafletとかなり似ています。リスト5-15の処理に続けて、次のように記述できます。

●リスト5-16　地物の情報をもとにポップアップを表示する処理

```
// 地物があればポップアップを表示する
const feature = features[0]; // 複数の地物が見つかっている場合は最初の要素を用いる
const popup = new maplibregl.Popup()
    .setLngLat(feature.geometry.coordinates) // [lon, lat]
    // 名称・住所・備考・対応している災害種別を表示するよう、HTMLを文字列でセット
    .setHTML(
        `\
    <div style="font-weight:900; font-size: 1rem;">${
        feature.properties.name
    }</div>\
    <div>${feature.properties.address}</div>\
    <div>${feature.properties.remarks ?? ''}</div>\
    <div>\
    <span${
        feature.properties.disaster1 ? '' : ' style="color:#ccc;"'
    }">洪水</span>\
    <span${
```

第5章　位置情報アプリケーション開発：実践編

```
    feature.properties.disaster2 ? '' : ' style="color:#ccc;"'
}> 崖崩れ/土石流/地滑り</span>\
<span${
    feature.properties.disaster3 ? '' : ' style="color:#ccc;"'
}> 高潮</span>\
<span${
    feature.properties.disaster4 ? '' : ' style="color:#ccc;"'
}> 地震</span>\
<div>\
<span${
    feature.properties.disaster5 ? '' : ' style="color:#ccc;"'
}>津波</span>\
<span${
    feature.properties.disaster6 ? '' : ' style="color:#ccc;"'
}> 大規模な火事</span>\
<span${
    feature.properties.disaster7 ? '' : ' style="color:#ccc;"'
}> 内水氾濫</span>\
<span${
    feature.properties.disaster8 ? '' : ' style="color:#ccc;"'
}> 火山現象</span>\
</div>`,
)
.addTo(map);
```

では、地図画面でポイントをクリックしてみましょう。ポップアップが表示され、当該の施設情報が記載されます。

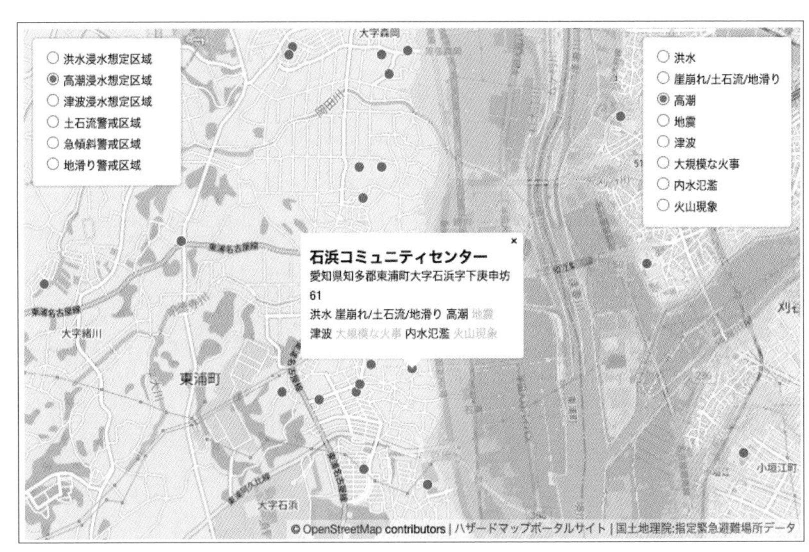

●図5-18　ポイントをクリックすると施設情報のポップアップを表示

　ここまで実装すると、かなりアプリケーションらしくなってきました。もっと使いやすくするために、ポイントがクリック可能であることをわかりやすくしてみましょう。ポイントにマウスカーソルが当たっている場合、カーソルアイコンを変更するような実装をします。なお、この処理も読み込み済みデータに依存するため、loadイベント後にマウス移動イベントを登録します。

●リスト5-17　カーソル位置に地物がある場合にカーソルアイコンを変更する処理

```
// マップの初期ロード完了時に発火するイベントを定義
map.on('load', () => {
    // ～中略～
    // 地図上でマウスが移動した際のイベント
    map.on('mousemove', (e) => {
    // マウスカーソル以下に指定緊急避難場所レイヤーが存在するかどうかをチェック
    const features = map.queryRenderedFeatures(e.point, {
        layers: [
            'skhb-1-layer',
            'skhb-2-layer',
            'skhb-3-layer',
            'skhb-4-layer',
            'skhb-5-layer',
            'skhb-6-layer',
```

```
            'skhb-7-layer',
            'skhb-8-layer',
        ],
    });
    if (features.length > 0) {
        // 地物が存在する場合はカーソルをpointerに変更
        map.getCanvas().style.cursor = 'pointer';
    } else {
        // 存在しない場合はデフォルト
        map.getCanvas().style.cursor = '';
    }
    });
});
```

前半部分の実装は、クリックイベントとまったく同じことであることがわかります。先ほどはクリックイベントだったので、map.on()の第一引数は'click'でしたが、今回はマウスの移動すべてを捕捉する必要があるため、'mousemove'を引数としています。このように、map.on()では、さまざまなイベントを検知できます。

この状態で地図画面を開き、カーソルを指定緊急避難場所ポイントに合わせると、カーソルの形状が変わることがわかります。

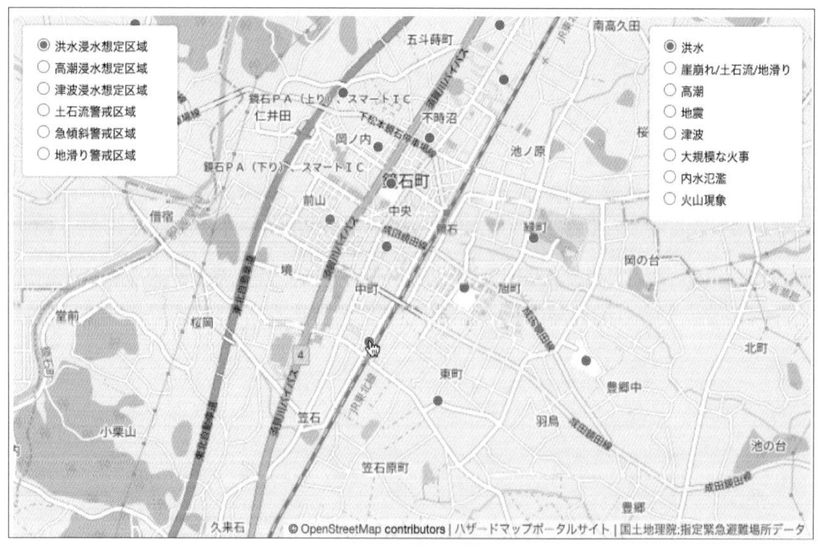

●図5-19　ポイントをマウスオーバーすると、カーソルの形状が変化する

5-2-5 ユーザーの現在地を表示する

本章の冒頭で提示した要件にも挙げたように、ユーザーの現在地が表示されると、災害情報や避難先をより身近に感じられるでしょう。MapLibre GL JSでは、`GeolocationControl`を用いることで、ユーザーの現在地を容易に表示できます。

●リスト5-18 MapLibre GL JSを使って現在値を取得

●// MapLibre GL JSの現在地取得機能

```
const geolocationControl = new maplibregl.GeolocateControl({
  trackUserLocation: true,
});
map.addControl(geolocationControl, 'bottom-right');
```

この実装によって地図画面の右下にボタンが追加されるので、クリックするとユーザーの現在地にポイントが表示されます（ウェブブラウザのGeolocation API[*1]を利用しているため、PCでもスマートフォンでも同一の実装で現在地表示が可能です）。ただし、OSやウェブブラウザのセキュリティ設定が必要な場合があります。

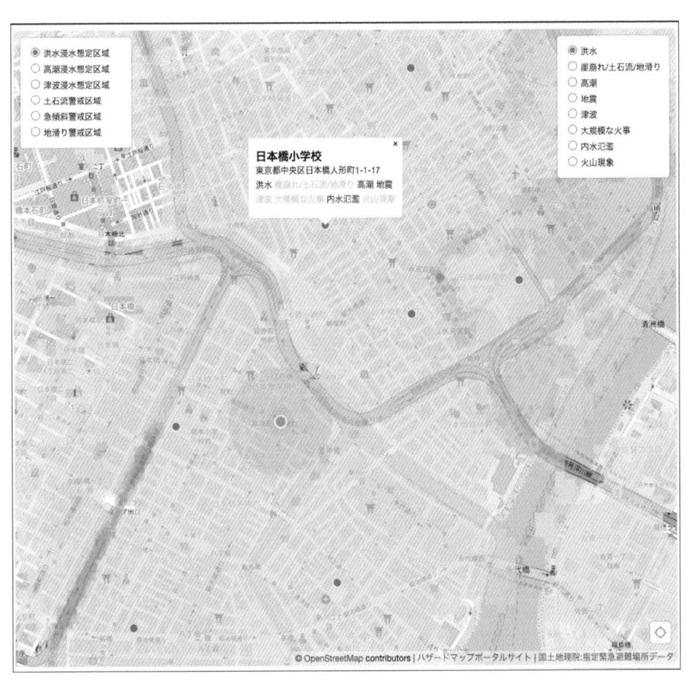

●図5-20 中央の大きめの円がユーザーの位置、洪水データを重ねて表示

＊9 https://developer.mozilla.org/ja/docs/Web/API/Geolocation_API

5-2-6 発展：ユーザーの最寄りの避難場所を特定する

現在位置を表示できれば、今回のお題の要件は満たされていますが、せっかくなので最寄りの避難場所を見付けて描画してみましょう。本来、2地点間の経路の計算は厳密には**ルーティング**という実際に通行可能なルートを考慮した処理が必要になります（「4-2-3 ルーティング」を参照）。これは、別途サーバー実装や何らかのウェブサービスの利用が必要となるため、本書では2地点を結んだ直線を距離とすることとします。

❶ユーザーの最新の現在位置を保持する

先ほどのGeolocationControlの実装では、ユーザーの位置情報、つまり経緯度を変数として保持していませんでした。最短距離を計算するためには、ユーザーの位置情報を変数として保持しておかなければならないので、位置情報が更新されるたびに変数を更新するように書き換えます。

●リスト5-19 ユーザーの位置情報を変数として保持する

```
let userLocation = null; // ユーザーの最新の現在地を保存する変数

// MapLibre GL JSの現在地取得機能
const geolocationControl = new maplibregl.GeolocateControl({
    trackUserLocation: true,
});
map.addControl(geolocationControl, 'bottom-right');
geolocationControl.on('geolocate', (e) => {
    // 位置情報が更新されるたびに発火・userLocationを更新
    userLocation = [e.coords.longitude, e.coords.latitude];
});
```

また、避難場所は災害種別ごとに8つのレイヤがあるわけですが、距離を計算したいのは**現在表示中のレイヤ**です。したがって、次のように、現在選択されているレイヤを特定する関数を用意しておきます。

●リスト5-20 現在選択されているレイヤを特定する関数

```
/**
 * 現在選択されている指定緊急避難場所レイヤー(skhb)を特定しそのfilter条件を返す
 */
const getCurrentSkhbLayerFilter = () => {
```

第5章 位置情報アプリケーション開発：実践編

```
    const style = map.getStyle(); // style定義を取得
    const skhbLayers = style.layers.filter((layer) =>
        // `skhb`から始まるlayerを抽出
        layer.id.startsWith('skhb'),
    );
    const visibleSkhbLayers = skhbLayers.filter(
        // 現在表示中のレイヤーを見つける
        (layer) => layer.layout.visibility === 'visible',
    );
    return visibleSkhbLayers[0].filter; // 表示中レイヤーのfilter条件を返す
};
```

のちの処理に役立つため、レイヤ自体ではなくfilter条件を返しておきます。

Turf.jsで距離計算

距離計算には、**Turf.js**を利用します。Turf.jsは入門編でも紹介した、位置情報にまつわる各種計算（空間演算）を提供するライブラリです。ここでは**@turf/distance**を利用します。

●コマンド5-13　@turf/distanceのインストール

```
$ npm install @turf/distance
```

@turf/distanceは、次のように使います。

●リスト5-21　@turf/distanceで二点間の距離を計算する

```
// 地点間の距離を計算するモジュール
import distance from '@turf/distance';

const point1 = [140, 40]
const point2 = [138, 38]
const dist = distance(point1, point2);
// 281.6331971379335[km]
```

これを使って、現在表示中の避難場所レイヤのうち、最寄りの地点を取得する関数は次のように記述できます。

●リスト5-22　経緯度から最寄りの指定緊急避難場所を返す関数

```
/**
 * 経緯度を渡すと最寄りの指定緊急避難場所を返す
 */
const getNearestFeature = (longitude, latitude) => {
    // 現在表示中の指定緊急避難場所のタイルデータ（＝地物）を取得する
    const currentSkhbLayerFilter = getCurrentSkhbLayerFilter();
    const features = map.querySourceFeatures('skhb', {
        sourceLayer: 'skhb',
        filter: currentSkhbLayerFilter, // 表示中のレイヤーのfilter条件に合致する地物の
みを抽出
    });

    // 現在地に最も近い地物を見つける
    const nearestFeature = features.reduce((minDistFeature, feature) => {
        const dist = distance(
            [longitude, latitude],
            feature.geometry.coordinates,
        );
        if (minDistFeature === null || minDistFeature.properties.dist > dist)
            // 1つ目の地物、もしくは、現在の地物が最寄りの場合は、最寄り地物データを更
新
            return {
                ...feature,
                properties: {
                    ...feature.properties,
                    dist,
                },
            };

        return minDistFeature; // 最寄り地物を更新しない場合
    }, null);

    return nearestFeature;
};
```

この関数を、地図画面が描画されるたび（＝毎フレーム）に実行します。それには、map.on()を用いて、次のように書けます。click、mousemoveと同様に、loadイベント後に描画時イベントを登録します。

●リスト5-23　loadイベント後に描画時イベントを登録

```
// マップの初期ロード完了時に発火するイベントを定義
map.on('load', () => {
    // ～中略～
    // 地図画面が描画される毎フレームごとに、ユーザーの現在地から最寄りの避難施設を計算
する
    map.on('render', () => {
        // GeolocationControlがオフなら現在位置を消去する
        if (geolocationControl._watchState === 'OFF') userLocation = null;

        // ズームが一定値以下または現在地が計算されていない場合は計算を行わない
        if (map.getZoom() < 7 || userLocation === null) return;

        // 現在地の最寄りの地物を取得
        const nearestFeature = getNearestFeature(userLocation[0], userLocation[1]);
    });
});
```

これで毎フレーム距離計算が実行されますが、地図画面に影響する処理は実装していないので、画面上は何も起きません。毎フレームの計算なので、秒間60回程度処理が走ることになります。map.querySourceFeatures()の戻り値を調べると、計算対象の地物数は1万個程度になることもあるようです。しかしながら、秒間60回程度・1万個の地物との距離計算を実行してもパフォーマンスはさほど低下していないはずです（もちろん、実行環境で差があります）。昨今のウェブブラウザの性能向上により、クライアントサイドでもかなりの量の計算が現実的な速度で実現しています。

これで、ユーザーの現在地の最寄りの避難場所を特定することができました。

▶ 現在地と最寄り避難所のラインを描画する

最寄りの避難場所を特定できたので、次は**現在地と最寄りの地物を結んだ線分を描画**してみましょう。まずはsourceとlayerを追加します。

●リスト5-24　sourceとlayerを追加する

```
// sources
route: {
    // 現在位置と最寄りの避難施設をつなぐライン
    type: 'geojson',
```

```
    data: {
        type: 'FeatureCollection',
        features: [],
    },
},

// layers
{
    // 現在位置と最寄り施設のライン
    id: 'route-layer',
    source: 'route',
    type: 'line',
    paint: {
        'line-color': '#33aaff',
        'line-width': 4,
    },
},
```


sourceにはtype=geojsonを用います。dataは随時更新するため、初期値は空にしておきます。layerは、単にsourceをラインとして描画するように定義しています。

このGeoJSON-sourceのdataを更新すれば、地図上でもラインが描画されます。先ほどの距離計算処理の実装を次のように拡張します。

●リスト5-25　距離計算処理の実装を拡張してラインを描画する

```
// マップの初期ロード完了時に発火するイベントを定義
map.on('load', () => {
    // ～中略～
    // 地図画面が描画される毎フレームごとに、ユーザー現在地と最寄りの避難施設の線分を描画する
    map.on('render', () => {
        // GeolocationControlがオフなら現在位置を消去する
        if (geolocationControl._watchState === 'OFF') userLocation = null;

        // ズームが一定値以下または現在地が計算されていない場合はラインを消去する
        if (map.getZoom() < 7 || userLocation === null) {
            map.getSource('route').setData({
```

```
                type: 'FeatureCollection',
                features: [],
            });
            return;
        }

        // 現在地の最寄りの地物を取得
        const nearestFeature = getNearestFeature(
            userLocation[0],
            userLocation[1],
        );
        // 現在地と最寄りの地物をつないだラインのGeoJSON-Feature
        const routeFeature = {
            type: 'Feature',
            geometry: {
                type: 'LineString',
                coordinates: [
                    userLocation,
                    nearestFeature._geometry.coordinates,
                ],
            },
        };
        // style.sources.routeのGeoJSONデータを更新する
        map.getSource('route').setData({
            type: 'FeatureCollection',
            features: [routeFeature],
        });
    });
});
```

地図画面で現在位置表示ボタンを押すと、現在位置と最寄りの避難所を結んだ線分が表示されます。

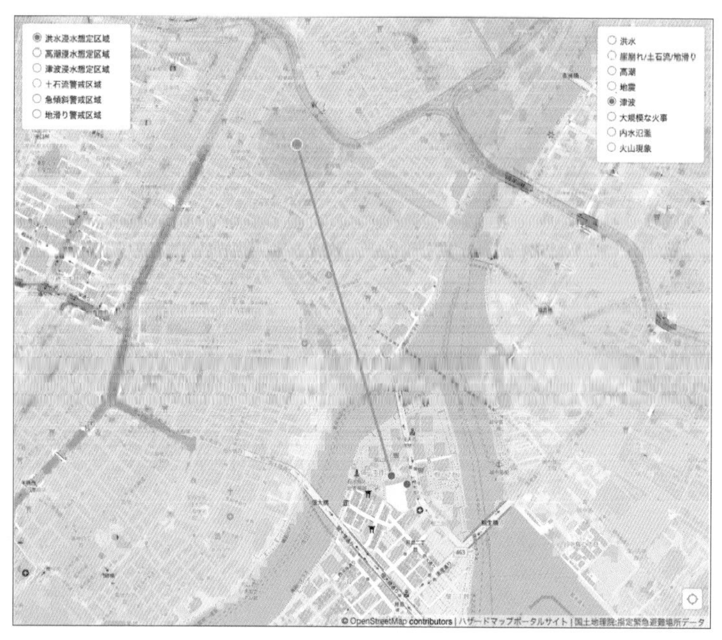

●図5-21　最寄りの避難所を結んだ線分が表示される

最寄り地物は毎フレーム計算されるため、表示中の避難場所レイヤが変更されたり現在位置が変わったりすれば、ラインも再描画されます。

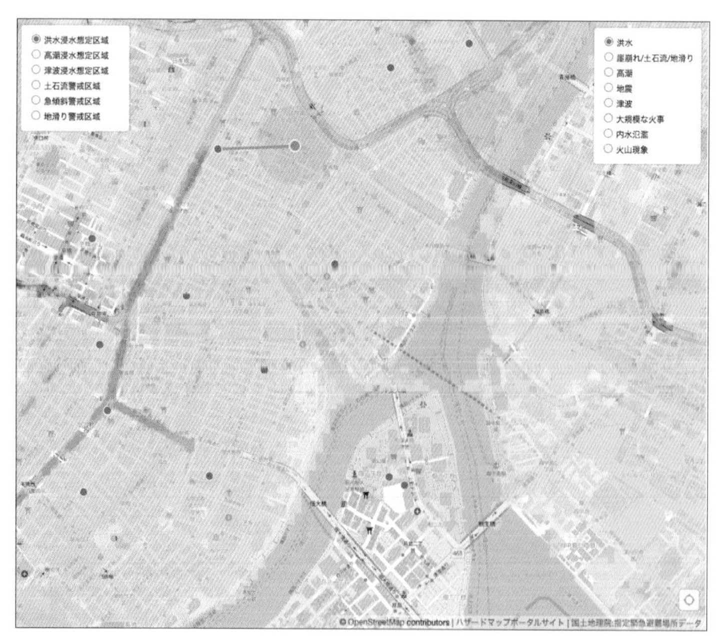

●図5-22　避難場所レイヤを変更した場合

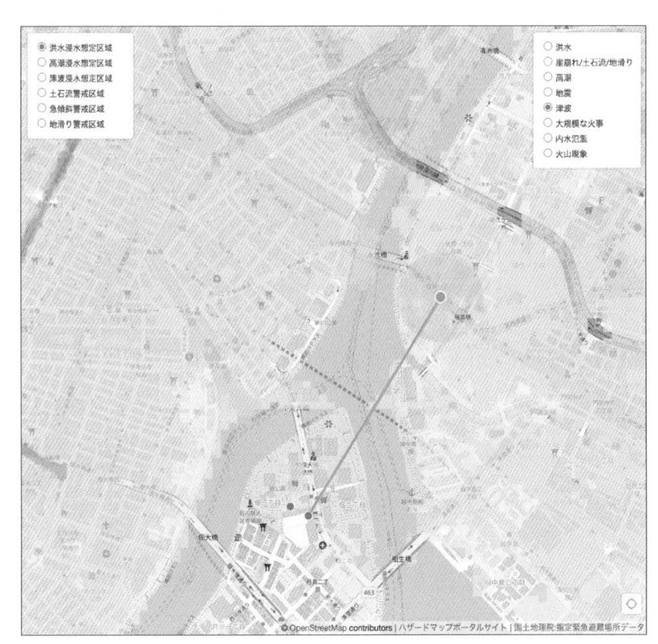

●図5-23　現在地が変わった場合

5-2-7 発展：地形データを活用する

MapLibre GL JSは、地形データを追加すれば、陰影図を表示したり3D地形を表示したりといったことが可能です。今回のテーマである防災マップでも、地形を確認できたら傾斜や標高が可視化されるため、もっと便利になるでしょう。位置情報における「地形データ」はDEMとも呼ばれることは前にも触れました。MapLibre GL JSでもDEMを地形データとして利用しますが、**TerrainRGB**という特殊なエンコーディングのDEMが利用されます。

COLUMN　TerrainRGB

DEMを画像として表示すると、次に示した図のような見た目になります。

●DEMを画像として表示した場合

一方で、TerrainRGBに変換すると次のようになります。

TerrainRGBに変換して表示

これは、いずれも地理院標高タイルの富士山周辺データを加工したものです。一般的なDEMは、メートル単位の実数値（＝小数点以下の値を持つ）のTIFFファイルです。一方、ウェブで使われている画像データは、各値が0～255（8bit）のRGB画像です。したがって、DEMをウェブで利用できるように変換する際には、実数値をRGB値に変換する「一定のルール」が必要です。この考え方により、各値が8bitのRGB画像の1ピクセルは24bitなので、すなわち16,777,216通りの値を表現することが可能となります。これはDEMとして十分な分解能といえます。

TerrainRGBはこのルールを定義したもので、変換式（＝エンコーディング）は次のようになります。

標高 ＝ − 10000 ＋ ((R値 × 256 × 256 ＋ G値 × 256 ＋ B値) × 0.1)

この式だけでは理解が難しいので、よりわかりやすく言い換えると、①RGBピクセル値を3桁の256進数として捉え、②横軸が①・縦軸を標高とした傾き0.1の単調増加関数となります。グラフに図示すると次のようになります。

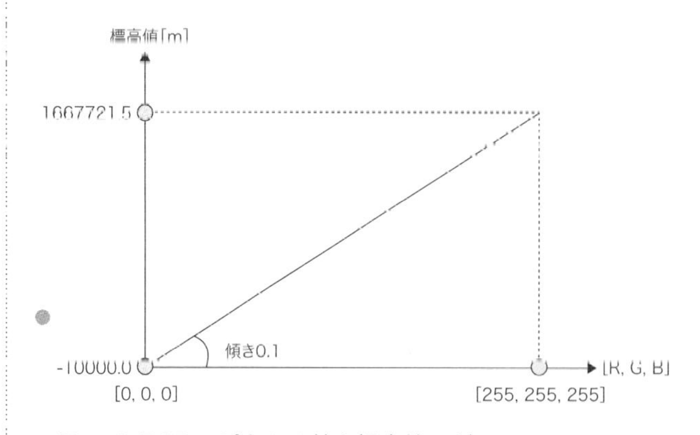

TerrainRGBのピクセル値と標高値のグラフ

この考え方は、DEMに限らず、実数値をもつラスターデータをウェブで効率よく取り回したい場合に応用されます＊10。

TerrainRGB形式の地形データは、Mapbox社＊11やMapTiler社＊12から全世界分がAPIサービスとして配信されています。一方、必要なのが国内の地形に限られるならば、国土地理院から「地理院標高タイル」が配信されているので、ぜひ活用したいところです。地理院標高タイルは10mの地上解像度で配信されており、詳細な地形表現が可能ですが、TerrainRGB形式ではないエンコーディングを利用しているため、TerrainRGB形式に変換する必要があります。

● 地理院標高タイル（富士山付近）

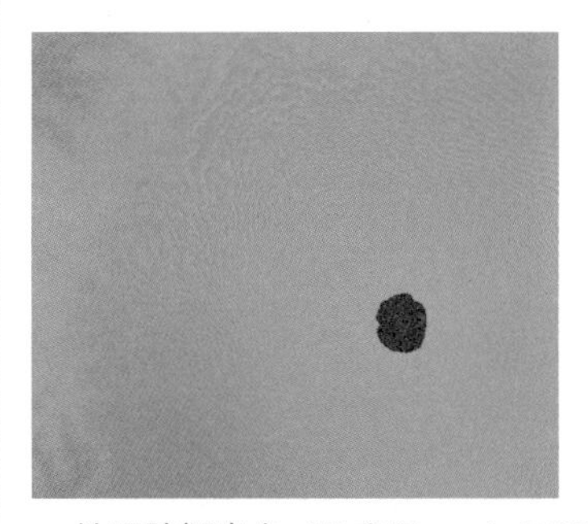

● 地理院標高タイルをTerrainRGBに変換したもの

今回は、この変換を自動で行える「maplibre-gl-gsi-terrain」＊13というライブラリを利用します。

＊10　https://github.com/mapbox/webgl-wind
＊11　https://www.mapbox.com/
＊12　https://www.maptiler.com/
＊13　https://github.com/Kanahiro/maplibre-gl-gsi-terrain

maplibre-gl-gsi-terrainのインストールと実装

maplibre-gl-gsi-terrainは、次のようにnpmでインストールを行い、sourceに記述を追加します。

●コマンド5-14

```
$ npm install maplibre-gl-gsi-terrain@0.0.2
```

●リスト5-26 地理院標高タイルをMapLibre GL JSで利用する

```
// 地理院標高タイルをMapLibre GL JSで利用する[illegible]
import { useGsiTerrainSource } from 'maplibre-gl-gsi-terrain';


map.on('load', () => {
    // 省略
    // 地形データ生成（地理院標高タイル）
    const gsiTerrainSource = useGsiTerrainSource(maplibregl.addProtocol);
    // 地形データ追加（type=raster-dem）
    map.addSource('terrain', gsiTerrainSource);
});
// `gsiTerrainSource`は`type="raster-dem"`のsourceが定義されたオブジェクトです。
```

ここで追加されるgsiTerrainSourceは、type="raster-dem"のsourceが地形データであることを意味します。ここからは、このsourceを利用して陰影図、3D地形を追加していきます。

COLUMN TerrainRGBタイルを用いて標高データを追加する場合

今回、地理院標高タイルを用いているのはユーザー登録などが必要ないという簡便さのためであり、通常はTerrainRGBタイルをそのまま利用します。

ここでは、MapTiler社が配信しているTerrainRGBタイルを用いる場合の例を紹介します。

●TerrainRGBタイルを用いる場合の例

```
map.on('load', () => {
    // 省略
    // 地形データ追加
```

```
    map.addSource('terrain', {
        type: 'raster-dem',
       tiles: ['https://api.maptiler.com/tiles/terrain-rgb-v2/{z}/{x}/{y}.
webp?key=[APIキー]'],
        maxzoom: 12
    });
});
```

[APIキー]には、アカウント登録後に得られるAPIキーが入ります。

ちなみに、maplibre-gl-gsi-terrainでも、上記のようなsource定義が生成されています。

陰影図を表示する

MapLibre GL JSにはhillshadeというtypeのレイヤが存在します。地形データであるtype="raster-dem"のsourceと組み合わせることで、陰影図を表示できます。

●リスト5-27　MapLibre GL JSで陰影図を表示する

```
map.on('load', () => {
    // 省略
    // 陰影図追加
    map.addLayer(
        {
            id: 'hillshade',
            source: 'terrain', // type=raster-demのsourceを指定
            type: 'hillshade', // 陰影図レイヤー
            paint: {
                'hillshade-illumination-anchor': 'map', // 陰影の方向の基準
                'hillshade-exaggeration': 0.2, // 陰影の強さ
            },
        },
        'hazard_jisuberi-layer', // どのレイヤーの手前に追加するかIDで指定
    );
});
```

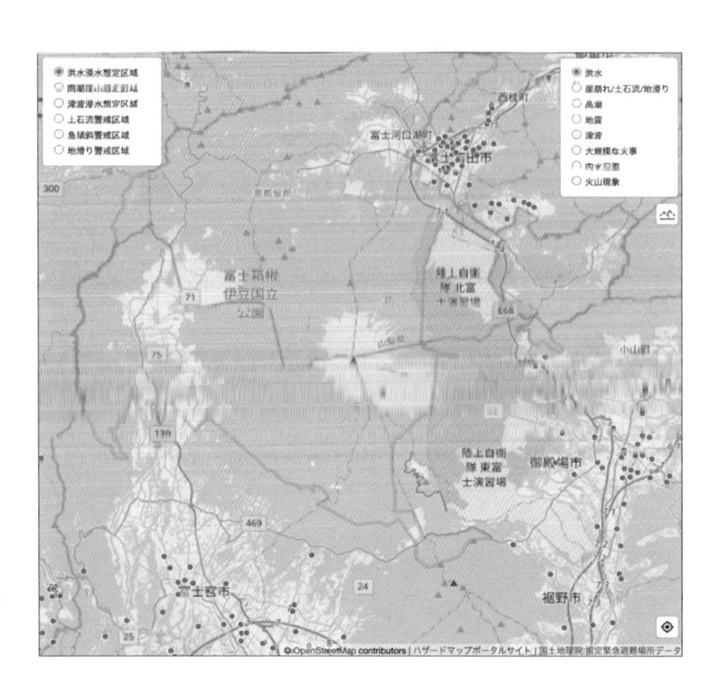

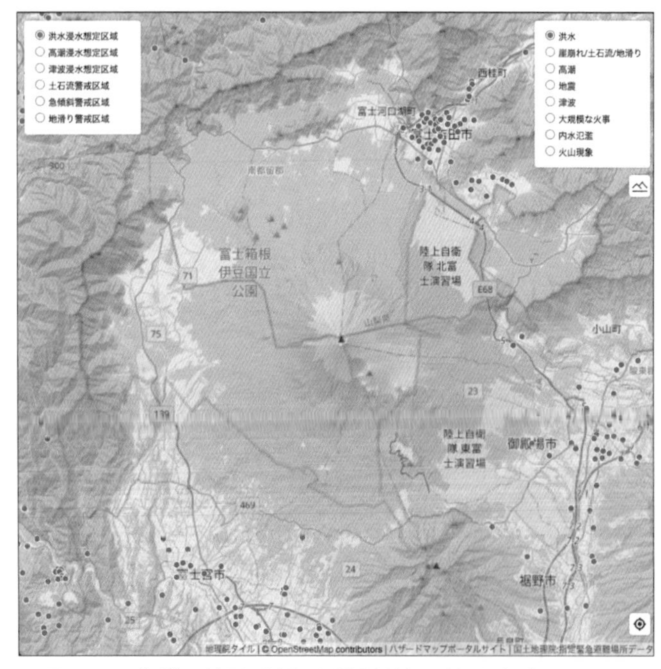

●図5-24　標準の地図（上）と陰影がある地図（下）

陰影が表示されるようになり、地形の起伏が一眼で確認できるようになりました。

3D地形を表示する

MapLibre GL JSでは、type="raster-dem"のsourceを用いて、3D地形を表示することもできます。クライアントサイドで地形計算・表示を行っているため、相応の負荷が発生することには留意が必要です。次のように実装することで、3D地形をオンオフするコントロールを追加できます。

●リスト5-28　MapLibre GL JSで陰影図を表示する

```
map.on('load', () => {
    // 省略
    // 3D地形
    map.addControl(
        new maplibregl.TerrainControl({
            source: 'terrain', // type="raster-dem"のsourceのID
            exaggeration: 1, // 標高を強調する倍率
        }),
    );
});
```

画面右上にアイコンが追加され、これをクリックすると3D地形をオンオフできます。なお、地図画面を右クリックでドラッグすると、地図を傾けることができます。

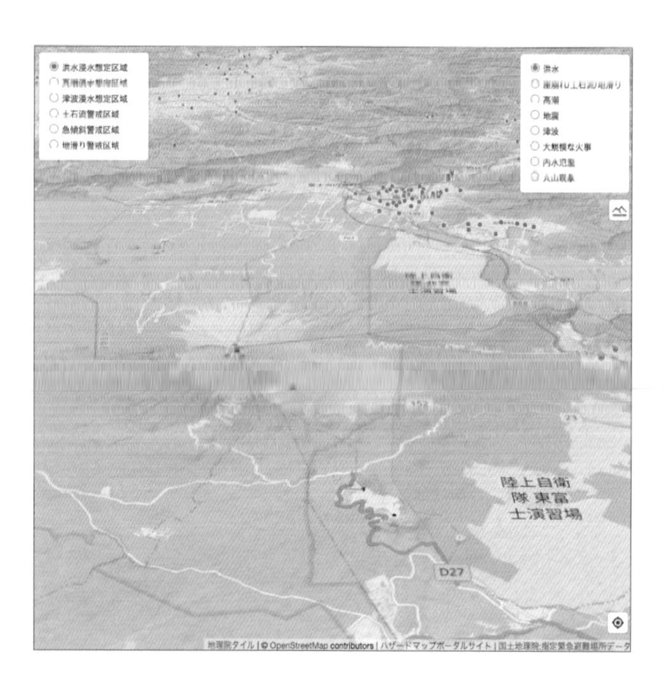

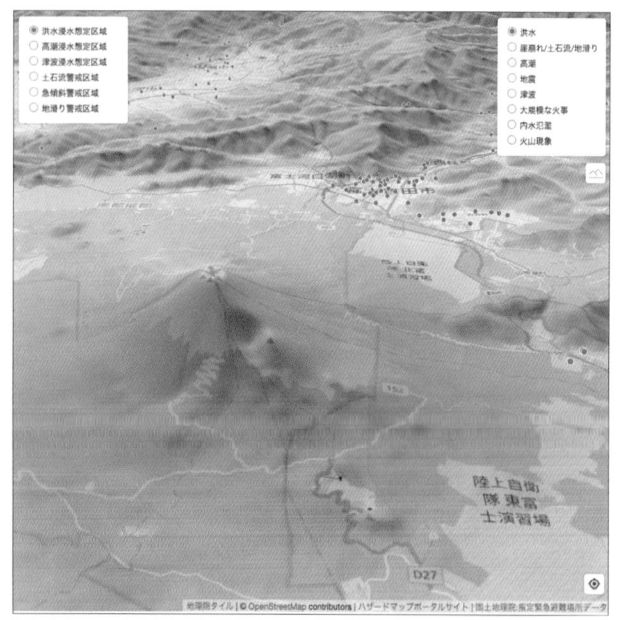

●図5-25　3D表示オフ（上）と3D表示オン（下）

たとえば急傾斜警戒区域を3D地形に重ねてみると、警戒区域に指定されている領域が確かに急勾配であることがわかりますし、それ以外のエリアでも地形条件を考慮した防災計画の助けとなるでしょう。

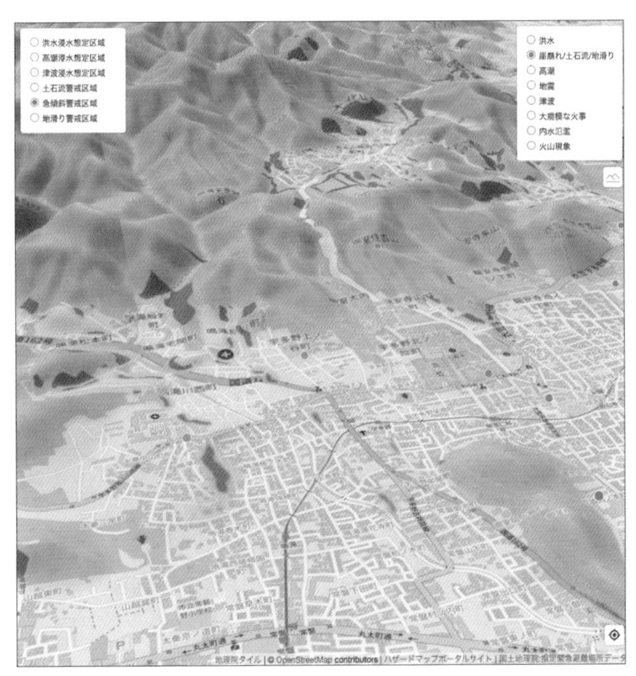

●図5-26　急傾斜警戒区域を3D地形に重ねて表示

5-2-8 アプリケーションのビルド

一通りの機能の実装が完了しました。

これまでは開発サーバー上で動作させていましたが、アプリケーションをウェブで公開するためには、開発してきたソースコードを**ビルド**する必要があります。次のコマンドによってビルドを行えます。

●コマンド5-15　ソースコードのビルド

```
$ npm run build
```

`dist`フォルダが作成され、`index.html`のほか、JavaScriptファイルが生成されます。これらのファイルをウェブサーバーで配信すれば、ウェブブラウザ上でアプリケーションが動作します。サンプルアプリケーションでは、GitHub Pages[*14]を利用して配信しています[*15]。

＊14　https://docs.github.com/ja/pages/getting-started-with-github-pages/creating-a-github-pages-site
＊15　https://kanahiro.github.io/location-tech-sample-v1/

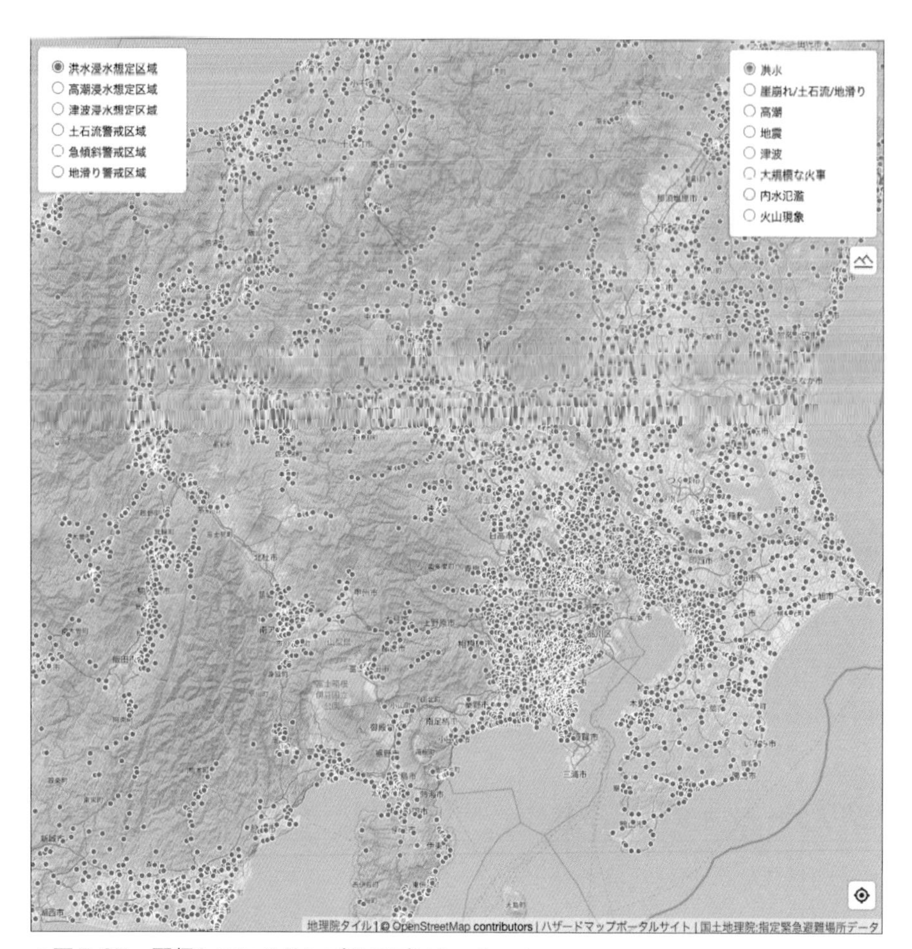

●図5-27　配信しているサンプルアプリケーション

これで実践編Part1は終わりになります。

地図上に災害リスクの高いエリアと避難場所を重ね、さらに現在位置を連携させることで、実用性のある位置情報アプリケーションができました。また、地形データを活用すると、災害リスクが地形と強く関連していることが可視化され、避難場所をより適切に選択できるようになるでしょう。

他のデータを重ねる・避難場所の色を種別ごとに変える・近傍の複数の避難場所を表示する……など、さまざまな拡張が考えられます。本書で学んだことを活かして、読者のみなさん自身の位置情報アプリケーションを作ってみてください。

5-3 実践編Part2：スマートフォンで利用できるようにする

Part2では、Part1で作成した位置情報アプリケーションをスマートフォンでも利用できるように拡張します。GPSを内蔵しているスマートフォンは、位置情報アプリケーションにおいて非常に有用なデバイスです。今回開発した防災マップも、スマートフォンのリアルタイムな位置情報を用いたほうが、より便利になるのは間違いありません。といっても、今回開発したアプリケーションはウェブブラウザで動作するので、スマートフォンで開くことも可能ですし、GeolocationControlも利用可能です。

ただし、スマートフォンは、PCに比べて画面が小さく、ウェブブラウザで動かすとアドレスバーの領域分で狭くなってしまったり、アプリをウェブブラウザから開くまでに手間が大きいなど、使用感にやや難があります。そこでPart2では、Part1で開発したウェブアプリケーションを**PWA（Progressive web apps：プログレッシブウェブアプリ）**という仕組みを用いて、ネイティブアプリに近い使用感となるように拡張します。

COLUMN　スマートフォンでの位置情報アプリケーション開発の選択肢

スマートフォン向けに位置情報アプリケーションを開発する場合には、次のように、いくつかの選択肢があります。

- OSごとのネイティブMapView
- サードパーティのネイティブライブラリを利用する（例：MapboxやMapLibreのSDKなど）
- ウェブベースで開発し、PWAやWebViewで利用する（本書の方針）

それぞれで必要となる知識は多少異なりますが、本書で学んだ内容は、このいずれで開発する場合にも役に立ちます。というのも、位置情報アプリケーション開発における諸概念（経緯度や地図タイル、ズームレベル、点・線・面など）は、言語・ライブラリを問わず共通しているためです。

5-3-1 PWA（プログレッシブウェブアプリ）の設定

PWAの設定のためにはmanifest.jsonとServiceWorkerファイルを作成し、index.htmlから読み込ませる必要があります。また、スマートフォンのネイティブアプリと同様に、ホーム画面に並べるためのアイコンの設定が可能です。デバイスごとに最適な解像度のアイコンで表示するために、複数の解像度のアイコンを作成することが望ましいです。最高解像度として512×512ピクセルの画像を1つ作成し、他のサイズに縮小すれば簡単です。

●図5-28　今回作成したアイコン

この画像を192×192px, 256×256ピクセル、384×384ピクセルの解像度に縮小した画像を用意し、publicフォルダに、それぞれicon512.png、icon192.png、icon256.png、icon384.pngとして保存しておきます。

その上でpublic/manifest.jsonを作成し、次のように記述します。

●リスト5-29　manifest.json

```
{
    "theme_color": "#2185f3",
    "background_color": "#2185f3",
    "display": "standalone",
    "scope": "./",
    "start_url": "./",
    "name": "防災マップ",
    "short_name": "防災マップ",
    "icons": [
        {
            "src": "./icon192.png",
            "sizes": "192x192",
            "type": "image/png"
        },
        {
            "src": "./icon256.png",
```

```
                "sizes": "256x256",
                "type": "image/png"
            },
            {
                "src": "./icon384.png",
                "sizes": "384x384",
                "type": "image/png"
            },
            {
                "src": "./icon512.png",
                "sizes": "512x512",
                "type": "image/png"
            }
    ]
}
```


これは最低限の設定項目です。他の設定項目は「MDN Web Docs」のドキュメント*16で確認できます。次に、ServiceWorkerファイルを`public/sw.js`として作成し、リスト5-30のコードを追記します。ServiceWorkerを使えば、キャッシュ機能やプッシュ通知をPWAで実現することが可能です。本書では、最低限必須のコードだけを実装します。

●リスト5-30　public/sw.js

```
// PWAのために必須
self.addEventListener('fetch', () => {});
```

最後に、リスト5-31を追加して、`index.html`から上記の`manifest.json`と`sw.js`を読み込みます。

●リスト5-31　PWA用にindex.htmlを修正する

```
<!-- index.html -->
<!DOCTYPE html>
<html lang="ja">
    <head>
        <meta charset="UTF-8" />
```

*16　https://developer.mozilla.org/ja/docs/Web/Manifest

```
        <meta name="viewport" content="width=device-width, initial-scale=1.0" />
        <link rel="manifest" href="manifest.json" /> <!-- PWA: manifest.json読み込み -->
        <title>位置情報アプリケーション開発実践編</title>
    </head>
    <body style="margin: 0">
        <div id="map" style="height: 100vh"></div>
        <script type="module" src="./main.js"></script>
        <script>
            // PWA: ServiceWorker読み込み
            if ('serviceWorker' in navigator)
                navigator.serviceWorker.register('./sw.js');
        </script>
    </body>
</html>
```

これでPWAの設定は完了です。ウェブブラウザの開発者ツールを使うと、適切にmanifest.jsonが読み込まれていることが確認できます。

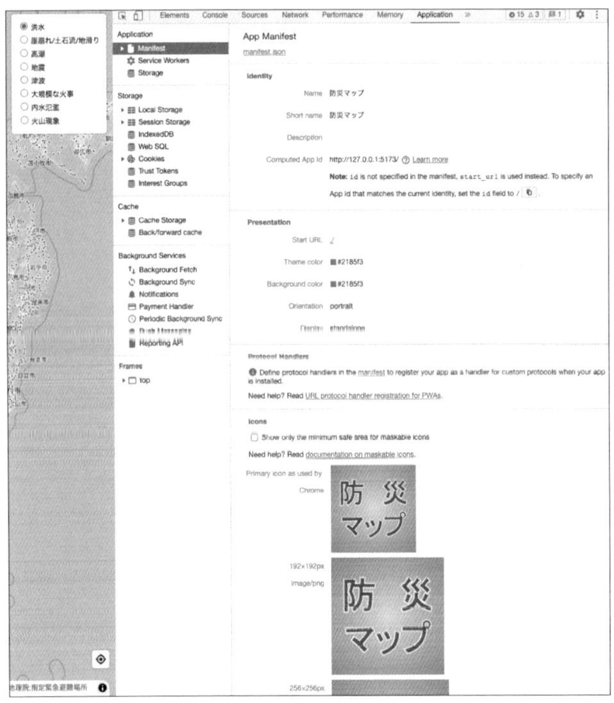

●図5-29　開発者ツールでmanifest.jsonの読み込み状況を確認する

図5-29はGoogle Chromeの例です。開発者メニューの「Application」「Manifest」を開くと`manifest.json`の読み込み状況を確認できます。適切に読み込めていれば、先ほど設定した内容やアイコンが表示されます。

5-3-2 スマートフォンでPWAの挙動を確認する

PWAが適切に設定されていることが確認できたら、アプリケーションを再度ビルドします。次のコマンドで、同様にビルドします。

●コマンド5-16　アプリケーションをビルドする

```
$ npm run build
```

公開したウェブサイトに、スマートフォンでアクセスしてみましょう＊17。

iOS

iOSのデフォルトウェブブラウザSafariでウェブサイトを開きます。

●図5-30　iPhoneで開く

＊17　サンプルアプリケーション：https://kanahiro.github.io/location-tech-sample-v1/02_advanced/dist/

QRコードからもアクセスできます。

「ホーム画面に追加」することでPWA機能が有効となります。

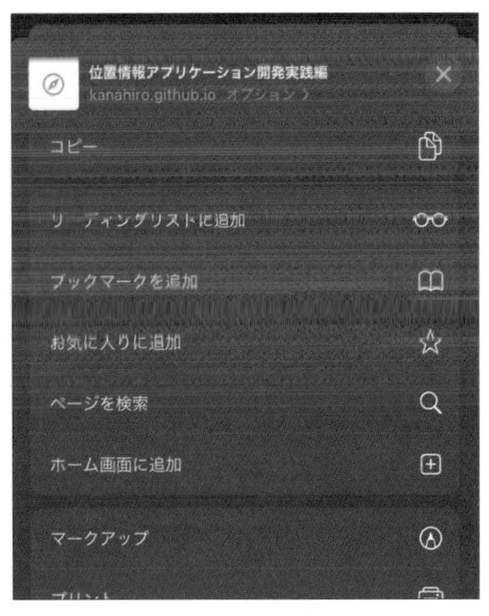

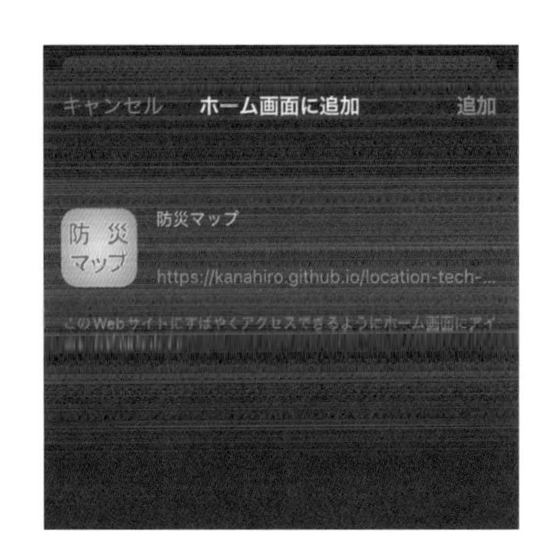

●図5-31　ホーム画面に追加する

先ほど作成した画像でアイコンが表示されることがわかります。

●図5-32　ホーム画面に追加されたアイコン

アイコンをタップすると、ウェブブラウザではなく、独立したアプリケーションとして開きます。また、アドレスバーやツールバーが非表示となり、画面を広く使えるため、ネイティブアプリさながらの使用感が得られます。

●図5-33　PWAとして起動した「防災マップ」

Android

Androidでは、Chromeを使います。

●図5-34　Androidで開く

Androidでは、PWA対応サイトを開くと「アプリをインストール」するダイアログが表示されます[*18]。

●図5-35 「アプリをインストール」のダイアログが表示される

画面の指示に従い、インストールを完了させます。

＊18 利用している機種やAndroidのバージョンによっては、メッセージやダイアログの表示が異なる場合があります。

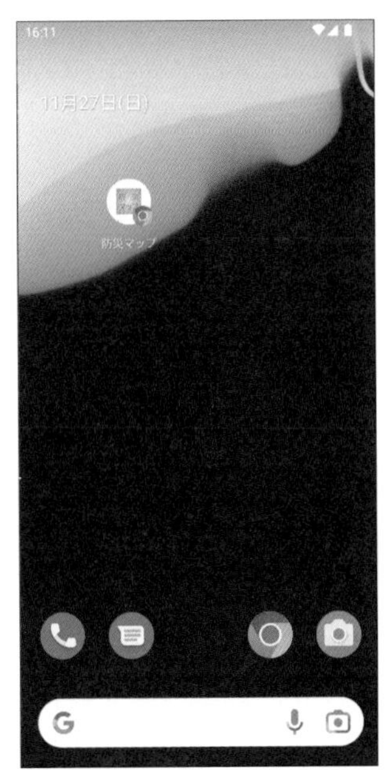

●図5-36　ホーム画面にアイコンが登録された

ホーム画面にネイティブアプリのようにアイコンが追加されるので、タップします。

●図5-37　PWAとして起動した「防災マップ」

こちらも、ネイティブアプリと同等の使用感が得られるようになりました。

あとがきに代えて

最後まで本書をお読みいただき、ありがとうございました。ここまで読み進められたのであれば、位置情報エンジニアとして十分な知識と技術を身に着けたといえるでしょう。本書の内容が、みなさまの実務・開発のお役に立てれば幸いです。

加えて、ぜひ位置情報の技術者コミュニティをのぞいてみてください。そしてイベントに参加してみてください。ニッチな分野ですが、それゆえの大きな熱量を感じられるはずです。また、オープンソースソフトウェアやOpenStreetMapに貢献してみてください。位置情報技術のエコシステムをともに維持・発展させていきましょう。読者のみなさまとコミュニティやソースコードのリポジトリでお会いできることを楽しみにしております。

おまけとして、位置情報関係のコミュニティやリファレンスを列挙しておくので、次の一歩としてぜひ取り組んでみてください。

コミュニティ

●FOSS4G（カンファレンス）

●2022年にフィレンツェで開催されたFOSS4Gカンファレンスの様子（筆者撮影）

年に一度、世界中の位置情報エンジニアが集まるカンファレンスが開催されています。また、日本国内のローカルコミュニティがあり、「FOSS4G Japan」として、こちらも年に一度イベントが開催されています。

●State of the Map

OpenStreetMapコミュニティによるカンファレンスです。こちらも世界中のメンバーからなるグローバルなイベントと、日本を含む各地でのローカルなイベントが開催されています。

●GeoPython

GeoPythonは、プログラミング言語Pythonと位置情報技術に関するカンファレンスです。前述の2つと比べると規模は小さめですが、位置情報技術はPythonで動くものが多く、親和性の高い言語であるため紹介しました。

リファレンス

●Leafletドキュメント

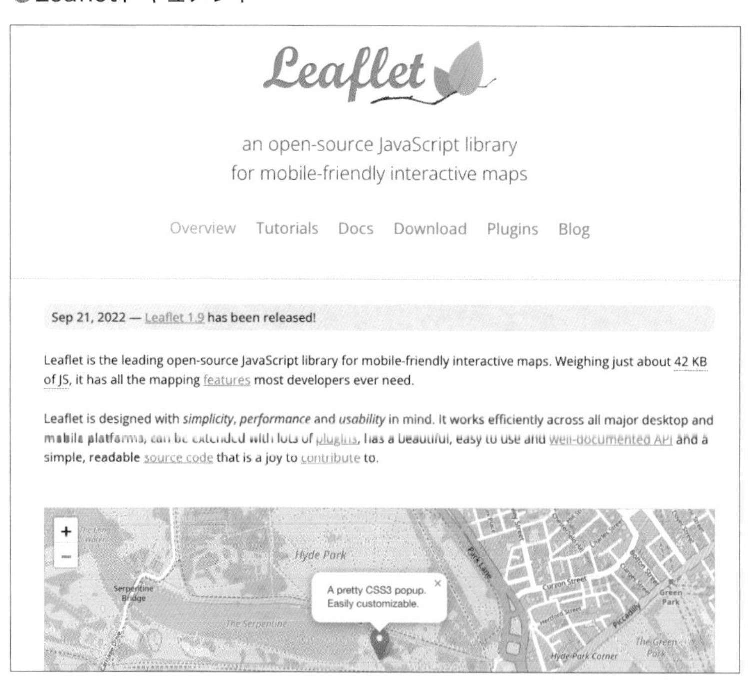

●https://leafletjs.com/reference.html

LeafletのAPIリファレンスです。

●MapLibre GL JSドキュメント

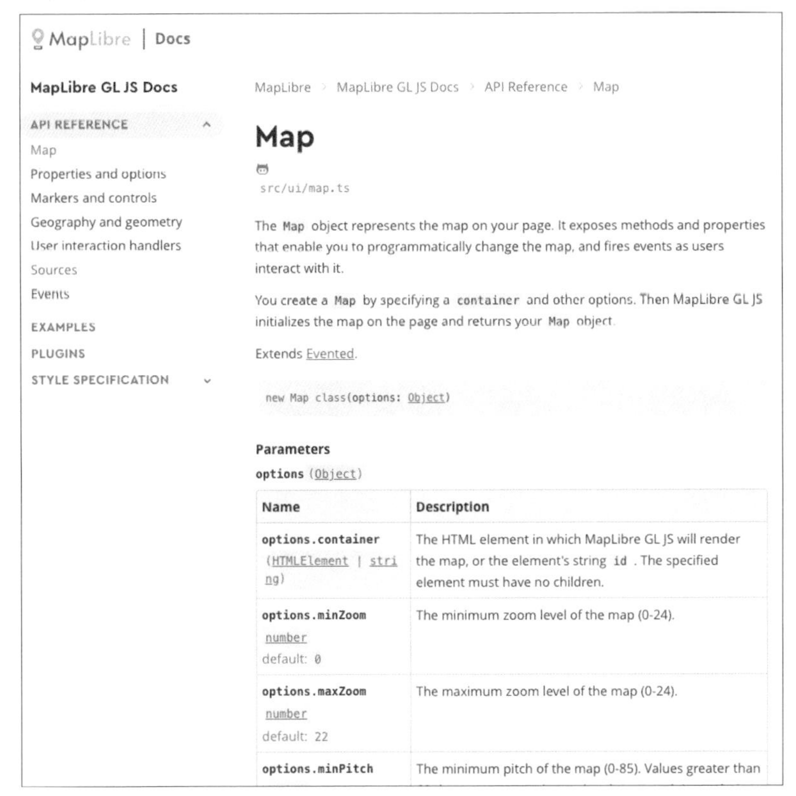

●https://maplibre.org/maplibre-gl-js-docs/api/

MapLibre GL JSのAPIのうち、本書で紹介できたのは、ごくわずかです。英語のドキュメントですが、それほど重厚ではないので、一度目を通しておくと開発の際に役立つでしょう。実装例も充実しています。

特に、MapLibre Styleの理解を深めるためには、以下の「Style Specification」を一読することをお勧めします。

https://maplibre.org/maplibre-gl-js-docs/style-spec/

●epsg.io

●https://epsg.io/

MapTiler社により運営されている、CRSの定義を確認できるウェブサイトです。

●Projection Comparison / D3 | Observable

●https://observablehq.com/@d3/projection-comparison

d3.jsを用いて、異なる地図投影法を比較できるウェブサイトです。

●書籍

・『改訂版Ver.3.22対応 業務で使うQGISVer.3 完全使いこなしガイド』
喜多 耕一 著／全国林業改良普及協会 刊／ISBN978-4-88138-438-1

・『地図リテラシー入門―地図の正しい読み方・描き方がわかる』
羽田 康祐 著／ベレ出版 刊行／ISBN978-4-86064-666-0

索　引

数字

A～D

E～G

H～N

O～S

T～X

あ行

か行

さ行

た行・な行

は行

ま行・ら行・わ行

●著者プロフィール

井口 奏大（いぐち かなひろ）

立教大学経済学部卒。就職した市役所の業務でGISに触れたことをきっかけに、位置情報の世界に入門。その後、北海道札幌市の株式会社MIERUNEにてGISエンジニアとして従事。オープンソース開発の傍ら、技術系イベントでも多く登壇。MapLibre User Group Japanの運営メンバー。

カバーデザイン：米谷テツヤ（パス）
DTP：本園 直美（ゲイザー）

現場のプロがわかりやすく教える
位置情報エンジニア養成講座

発行日	2023年 3月14日	第1版第1刷
	2023年 4月 1日	第1版第2刷

著　者　井口 奏大

発行者　斉藤　和邦
発行所　株式会社　秀和システム
〒135-0016
東京都江東区東陽2-4-2　新宮ビル2F
Tel 03-6264-3105（販売）Fax 03-6264-3094
印刷所　三松堂印刷株式会社

ISBN978-4-7980-6892-3 C3055